庭院深深深几许

杭州市社会科学界联合会
宋·韵·文·化
普及项目

何俊 编著

宋苑

浙江少年儿童出版社

图书在版编目（CIP）数据

宋苑　庭院深深深几许/何俊编著.—杭州：浙江少年儿童出版社,2023.4
（写给孩子的宋韵百讲）
ISBN 978-7-5597-3049-7

Ⅰ.①宋… Ⅱ.①何… Ⅲ.①古建筑－建筑艺术－中国－宋代－少儿读物 Ⅳ.①TU-092.44

中国版本图书馆CIP数据核字（2022）第250346号

责任编辑　李佳燕
美术编辑　陈月儿
封面设计　灰间丸子
书名字体设计　潘　洋
内文插图　石威丽
责任校对　马樱滨
责任印制　王　振

写给孩子的宋韵百讲
宋苑　庭院深深深几许
SONGYUAN TINGYUAN SHENSHEN SHEN JIXU

何俊　编著

浙江少年儿童出版社出版发行
（杭州市天目山路40号）
浙江新华数码印务有限公司印刷　全国各地新华书店经销
开本 850mm×1300mm　1/32　印张 4.875　印数 1—5000
2023年4月第1版　2023年4月第1次印刷

ISBN 978-7-5597-3049-7　　　　定价：32.00元

（如有印装质量问题，影响阅读，请与购买书店或承印厂联系调换。）
承印厂联系电话：0571-85155604

总　序

亲爱的小朋友，很高兴我们一起来欣赏宋韵。

什么是宋韵？宋韵就是宋代文化的华美乐章。

宋代容易理解，它包含中国历史上的两个朝代：北宋（960—1127）与南宋（1127—1279）。北宋的都城在开封，当时叫汴京，北宋的疆域包括了北方与南方。南宋的都城在杭州，那时叫临安，南宋的疆域是在长江以南。

文化比较难解释，可以把它理解为一群人拥有的一整套生活方式。比如吃穿住行；再比如各种组织，就像读书的学校，学校里有不同的年级，每个年级有不同的班；然后就是精神上的许多内容，比如唱的歌、玩的游戏，当然还有更为复杂的知识。当所有这一切形成一整套系统且传了几代人，那就是这几代人的文化了。

  每个时代的文化都有自己的特征。在中国历史上，宋代文化极具典型性，既丰富又和谐。当人们感受宋代文化的丰富与和谐时，就好像在欣赏很有韵味的乐章，所以我们把宋代文化的华美乐章形容成"宋韵"。

  宋韵由许多乐章组成，每一乐章又有许多分支。这里，我们只选取四个乐章：宋学、宋词、宋画、宋苑。每一乐章各精选了二十五个主题，有些是壮美的，有些是优美的，各自不同，一起汇成了美妙的宋韵。

  让我们走入宋代文化的宝殿，一起感受宋韵之美。

何 俊

目 录

开封 —— 汴京富丽天下无 ································ 001

临安 —— 山外青山楼外楼 ································ 007

白鹿洞书院 —— 天下书院之首 ························ 015

岳麓书院 —— 惟楚有材，于斯为盛 ················ 021

应天府书院 —— 天下庠序，视此而兴 ············ 027

安定书院 —— 明体达用，格物修身 ················ 033

丰乐楼 —— 宋代第一大酒楼 ···························· 039

和风驿 —— 富丽堂皇的地方馆驿 ···················· 045

望湖楼 —— 西湖之畔的观景胜地 ···················· 051

过溪亭 —— 风雅真趣亦可贵 ……………………………… 057

沧浪亭 —— 清风明月本无价 ……………………………… 063

合江亭 —— 两江交汇处的千载古亭 …………………… 069

半山园 —— 茅屋数间窗窈窕 …………………………… 075

平山堂 —— 传承千年的欧苏清风 ……………………… 081

昼锦堂 —— 三朝宰相的安居之所 ……………………… 087

宝晋斋 —— 书画收藏家的精神家园 …………………… 093

松风阁 —— 一诗一墨一山水 …………………………… 099

快阁 —— 赣江之畔的千年古阁 ………………………… 105

天柱山房 —— 文人墨客的庇护所 ……………………… 111

神光寺 —— 勤学苦读的精神品格 ……………………… 117

定县开元寺塔 —— 中华第一塔 ………………………… 121

赵州陀罗尼经幢 —— 佛教艺术的集大成者 …………… 127

金明池 —— 宋人的高级游乐场所 ……………………… 133

艮岳 —— 宋代山水美学的极致 ………………………… 139

德寿宫 —— 属于南宋的皇家气派 ……………………… 145

开封——汴京富丽天下无

在历史上,开封府是北宋的首都,被称为"东京汴梁"。因此,汴梁也叫"汴京",位于今天的河南省开封市。

北宋时期的开封府可称得上是当时世界上最大、最富庶的城市之一,北宋画家张择端所绘的《清明上河图》就取材于此。这是一幅被称为"北宋社会风貌百科全书"的卷轴,画中有摩肩接踵的人群、络绎不绝的商客、鳞次栉比的楼店等等。汴京无怪乎被誉为"琪树明霞五凤楼,夷门自古帝王州""汴京富丽天下无",人们甚至更愿意相信,这些赞美汴京的诗句或许仍不能完全描绘出它的美丽。

开封被称为"八朝古都",不仅仅是北宋一代,不少政权都将开封作为都城来营建,其悠久历史可见一斑。传说在春秋时期,郑庄公在如今的朱仙镇古城村建造了一座名叫"启封"的城,意思是"启拓封疆"。战国时期,

魏惠王把都城迁到这里，建造了当时的"大梁"城。到了汉代，因为汉景帝名为刘启，大家不能犯了皇帝的名讳，便将"启封"改为"开封"。五代时的后梁、后晋、后汉、后周均在此地建立都城。

960年，赵匡胤发动陈桥兵变，建国号为宋，定都东京开封府。历经九代帝王共一百多年的历史，北宋开封城逐渐形成了外城、内城、皇城三座城池相套的格局结构。

北宋是开封历史上最为繁荣昌盛的时期，当时人口甚至超过了百万之数。可惜金兵南下、开封城沦陷之后，它只剩下一片废墟。等到南宋使者范成大出使金国途经开封时，昔日辉煌的亭台楼阁早已黯淡无光，只剩下断壁颓垣。此后，开封也曾做过金朝和明朝的陪都，但已难重现北宋时期的盛况了。

如今，我们可以透过张择端在《清明上河图》中的笔触，去触摸千年前人口超越百万的世界级大都市。

张择端早年游学开封，曾经进入宫廷，成为宋徽宗的御用画手，尤其擅长创作街市车马、楼台亭阁。

在这幅长长的都市画卷中，开封城的繁盛富庶尽收眼底。熙熙攘攘的街头有各种为生计而奔波的人。他们有的是从事体力劳动的搬运工,有的是街市上的说书人,有的是酒楼里的服务员,甚至还有送外卖的小哥呢!

画中有一条流经开封城的河,它叫汴河,是一条在天然河流的基础上为了便于南北运输而进一步挖凿修整的人工河。河上那些来往的船只负责把各地的物资运到开封城。瞧,在汴河的木拱桥上还发生了惊险的一幕呢!一艘大船要从桥下行过,但船夫们忽然发现还有一支高高的桅杆仍未收拢,引得桥上桥下无数行人纷纷注目,让人忍不住想穿越到张择端面前,追问他最终是桥船相撞还是有惊无险。

除了船桥相遇的情节,我们还可以从画中看到许多店铺临街开放门面,生动地呈现了店铺作坊、酒楼

张择端《清明上河图》(局部),船桥相遇

茶肆、坐摊游贩的市场百态，与唐代那种向内封闭的坊巷格局已经大不一样了。北宋时期，开放的街市使得人们的交往空间也表现出多样化的色彩。走在街上，既能看到普通的居民楼，又能看到豪华的酒楼、丰富的售卖摊以及高档的旅店。

在《清明上河图》中，有一座靠近城门的豪华酒楼，酒旗上写着这家店的名字——孙羊店。酒楼主要经营酿酒、售酒等业务，楼上的客人正在畅快地饮酒，店门口的伙计也在忙着招呼客人。内城中各行各业的经营者们纷纷在临街处设店开铺，这些店面与普通居户交错相杂。同时，依托这座酒楼作为商业中心，此处形成了一个提供多种服务的街坊区。

张择端《清明上河图》（局部），豪华的酒楼

说起开封城，不能不提《东京梦华录》，此书的作者是宋代的孟元老。孟元老生活在北宋末年，北宋

灭亡后，开封城便沦陷了，他只能随着宋室流落到江南一带，开封城曾经的繁华如旧梦一般令他难以忘怀，因此他回忆起自己当年在开封城生活的片段，将之诉诸笔端。在《东京梦华录》中，他用十卷三万字的篇幅详细记录下了北宋开封城的城市格局、河道桥梁、街巷坊市、节令风俗等，描绘出了一幅北宋开封的城市面貌与社会生活风俗画卷，带我们回到那繁华的都城，领略它的绝代风华。

据《东京梦华录》记载，北宋开封城酒店林立，七十二家属于"正店"，其余上千家则称为"脚店"。所谓"正店"，是指具有酿酒权的大型酒店，而"脚店"则没有酿酒权，需从正店批发酒。酒肆林立，商贾聚集，可见开封城的繁华。

一般来说，不少城市都有中轴线，即某座城市沿中轴线大致对称。《东京梦华录》记载，当时的御街既是整座城市的中轴线，也是其交通、商业和文化的主轴。开封的特殊之处就在于，它是世界上唯一一座中轴线从未发生过变化的都城。

从今天开封市中山大道到龙亭公园的这一段路途

上，埋藏着千年之前的繁华都城。就在中山大道下方约八米深处，隐藏着一条古老的御街。从宣德门向南经州桥，再通过里城的朱雀门，可以直达外城的南薰门，这条御街便是宋代内城中最宽阔壮丽的皇家大道，也是全城的南北中轴线。而宋代中央政府的主要机构，大多分布在这条御街附近。

开封城有太多值得讲述的故事，据孟元老回忆，开封"举目望去，尽是青楼画阁，珠帘绣户。雕车宝马，川流不息，金翠耀目，罗绮飘香"，我们或许能从他的文字中瞥见宋人如梦似幻的生活，想象这座城市曾经的繁华盛况。

站在开封的土地上，你的每一脚都仿佛踩在历史的长河里，或许你离开御街，穿过一座小桥，眼前便是一幅《西园雅集图》，苏轼、苏辙、黄庭坚、米芾、秦观、李公麟等文人雅士吟诗作对、谈笑风生的场景似乎近在咫尺……

顾诗兰

临安——山外青山楼外楼

北宋末年，金兵南下，开封沦陷，赵宋皇室被迫南迁，于绍兴八年（1138）定都临安（今浙江杭州），临安也就成为了南宋的京都。

经过二十年左右的营建，临安城形成了"南宫北市"的城市格局。皇宫位于南面的凤凰山，街市楼坊则位于北面。整座城市被划分为内城和外城，坐拥十三座城门，并被护城河拱卫起来。临安成为了名副其实的一朝之都，上升为全国的政治、经济以及文化中心。直到1276年南宋灭亡，临安才结束了它的使命。

北宋灭亡后，许多北方人为了逃避战乱，随着朝廷南下，使得临安城内的人口数量显著上升，都城也随之繁荣起来，正如宋诗中所言："暖风熏得游人醉，直把杭州作汴州。"（林升《题临安邸》）宋人的南迁，使得临安的面貌焕然一新。

《武林旧事》一书由南宋的周密撰写，周密入元后追忆南宋都城临安，将临安城的繁华景象诉诸笔下。据《武林旧事》记载，南宋时期，临安的商贸往来十分兴盛，完全突破了传统的坊市制度，市场、酒楼、歌馆鳞次栉比。耐得翁的《都城纪胜》则记载临安有四百十四行（远远超过传统的"三百六十行"），在当时的临安城中流行着一句俗语"欲得富，赶着行在卖酒醋"，这是都城经商之风盛行的写照。临安城的手工业十分发达，大小作坊星罗棋布，珍贵奇巧的织物、瓷器流行开来，闻名全国。

　　1142年，宋金议和后，稳定的外部环境和北方权贵的大批南迁，更是强烈刺激了临安商品经济的发展。南宋的对外贸易十分发达，南宋一朝与多达数十个海外国家都建立了贸易关系，为此，南宋朝廷还专门设立了市舶司负责相关事宜。

由于贸易往来繁盛，外国商人游客也会聚临安，各地的货物商品被源源不断地输送进来，这促成了临安服务业的兴盛。各种茶楼酒肆、驿旅客店不胜枚举，甚至还有通宵达旦的夜市供市民们游乐。难怪吴自牧在《梦粱录》中写道："盖因南渡以来，杭为行都二百余年，户口蕃盛，商贾买卖者十倍于昔。"

北宋时期，皇城地处中原，人们大多喜爱面食，以面食、羊肉为主食，而南方人则以稻米、猪肉为主食。到了南宋时期，由于北人大批南迁，把北方的饮食习惯带到南方，喜爱面食的人就大大增加了。

许多商铺店家更是把北宋开封城的美食一同带到了江南，原本流行于开封城内的美食铺子在临安城重新开张，比如羊肉李七儿、奶房王家、南瓦子张家团子等，人们又可以在早市品尝六部前丁香馄饨，入夜市回味太平坊口原东京脏三家的猪胰胡饼。

其中最知名的美食之一便是宋五嫂鱼羹了。据说宋五嫂南下来到临安,为维持生计,她重操旧业,张罗开设了一家小酒店。她曾入宫为宋高宗赵构熬制其最拿手的鱼羹,令宋高宗直呼尝到了家乡的味道。在南北美食文化的交融中,不少开封城的美食在临安城重新落地生根。

除了美食,南宋的节日也极多。每逢佳节,无论官民,纷纷出行游玩,体验各种各样的娱乐活动。观潮称得上是临安城最激动人心的盛事,每年钱塘江潮大涨之时,观者如云,摩肩接踵。

大潮涨时,无数弄潮儿如鱼跃水中,在潮头翻滚踏浪,高举彩旗,而彩旗不沾一丝水汽,本领之高超,令人惊叹。百姓们攒聚在江岸上,眼神紧紧地聚焦在弄潮儿身上,为他们的一举一动而心惊,不时以赏钱激励着这些与江潮搏斗的勇士,这无疑是弄潮活动富有观赏性和参与性的一大体现。

不过,弄潮活动本身具有一定的危险性,一着不慎就有溺水而亡的风险,因此官府曾经多次发布公告禁止弄潮活动，可惜为弄潮而狂热的临安人往往置之不理。观完弄潮，龙舟竞赛也是临安人不可错过的活动。装饰华美的龙舟聚集于西湖之上，你追我赶，好不热闹。

如果你生活在临安，有朋友邀请你一起去欣赏园林建筑，那你一定不要错过，因为中国古典园林发展的第二次重要转折就在南宋时期。南宋君臣在湖光山色中纵情享乐，徜徉于西湖的青山黛水之间，也对园林建筑情有独钟。南宋园林在延续北宋建造风格的基础上，又结合了南方特有的山水环境特点，进入了一个崭新的发展阶段。作为都城的临安，城内城外更是园林遍布，形成了类型多样、分布集中的园林景观。

园林景致内涵丰富，南宋时游园活动不可谓不兴盛，上至皇亲国戚，下至平民百姓都乐于参与其中。在南宋园林里，人们可以看到皇帝巡幸、官员游赏、文人雅士交游、平民百姓游览的足迹。

有名的皇家御苑如聚景园，它是皇帝的避暑胜地，在西湖边清波门外，宋孝宗、宋光宗、宋宁宗都曾在此小住。而官员们除了观赏私家园林外，也经常到临安的寺观园林中进行游园活动。宋人姜夔和葛天民等人在净林广福院中游览时，陶醉于园林风光，大笔挥就"四人松下共盘桓，笔砚花壶石上安。今夕兴怀同此味，老仙留字在屏颜"（姜夔《同朴翁过净林广福院》）的遣怀之作。

对于文人士大夫而言，园林如山水风光一样，是他们修身养性的乐土，是藏书治学之地，是雅聚畅吟之所。南宋文人在游园的同时，也留下了他们的诗词歌赋与风流逸事。

南宋诗人叶绍翁和葛天民是好友，两人隐居于西湖之畔，饮酒相会，吟唱着"春色满园关不住，一枝红杏出墙来"（叶绍翁《游园不值》），自在闲适。淳熙十三年（1186），诗人陆游也来到临安，于三月初三与包括杨万里、沈虞卿在内的一众好友前往张氏北园赏海棠花。杨万里有诗云："诗家不愁吟不彻，只愁天地无风月。"（杨万里《云龙歌调陆务观》）

可惜临安虽好，南迁的北人不免思念自己曾经的故乡。耐得翁在《都城纪胜》中把临安称为"都城""杭""行都""都下""都会"，把生活在临安城里的人称为"都人"，而把开封称为"东京""京师""旧京"，暗指临安并非正统首都。即便是在日常生活中，南宋人也时常追忆汴京风物。

夏圭《西湖柳艇图》（局部），描绘了南宋临安城的真实风貌

这些南宋笔记中出现的双城书写，即对于北宋开封与南宋临安的书写，实际上是南宋笔记中的重要内容，具有城市符号、政治寄寓和人文意蕴等文化内涵。如果你在南宋笔记中不时看到关于北宋都城的叙述，那极有可能是与其前后文中的临安意象进行对照。在开封与临安双城叠韵的背后，作者们暗暗地诉说着他们对北宋故都的追忆和对南宋君臣偏安江南一隅的不满、遗憾。

　　宋朝廷从北地来到江南，从开封来到临安，也把北地的文化与繁荣带到了临安，人烟生聚、市井繁盛、雅趣盎然的临安城至今令人心醉。只可惜元兵一到，便使得处处有景、处处有诗的临安城荒芜了。

顾诗兰

白鹿洞书院——天下书院之首

如果让你用"院"字组词，你会不会想到庭院、后院呢？在这些词语中，它的意思是围墙内房屋四周的空地，这也是院最基本的意思。院首先指的是一种空间，这个空间是由四面相连的墙围起来的，但又不包括里面的房屋，而是房屋之外的空地。由这个意思延伸开来，院也用于一些政府机关的名称，比如说翰林院、大理院等等，同时还可以用来指一些公共场所，比如接下来要讲的书院。

古人如果要读书学习，跟现代人一样也要去学校上学。古人的学校，既有官府设置的，也有私人办学的，就像今天的学校也会分成公立和私立一样。而书院，就是古代学校中的一种，是承担教学功能的建筑。宋朝时，随着科举制度的进一步发展与完善，读书人这一群体发展壮大，书院也越来越多地涌现出来，宋初时就有"四大书院"这一说法，白鹿洞书院即

是其中之一。

白鹿洞书院坐落于江西庐山的五老峰南麓,是白鹿洞建筑群的一部分。这一建筑群还包括先贤书院、棂星门院、紫阳书院和延宾馆,白鹿洞书院位于棂星门院和紫阳书院之间,是一座坐北朝南的三进院落,以木石和砖木结构为主,它的规模并不小。

白鹿洞书院这一名称是怎么来的呢?据说,唐朝时有一个叫李渤的人和他的哥哥在这里读书,在这期间,他养了一只白鹿,经常和白鹿一起出去游玩,于是其他人就叫他"白鹿先生"。后来,他被朝廷安排做官,等到做江州(今江西九江)刺史的时候,他就回到曾经住过的地方,在这里修缮房屋、种植花草树木,将旧地修葺一新。因为该地三面环山,地势低洼,从高处看就像一个洞一样,因此被称为"白鹿洞"。

到了南唐时期,由于李善道、朱弼等人在这里讲学,白鹿洞处建成了"庐山国学",这也可以算作是白鹿洞书院的源头。庐山国学名声在外,几乎与当时金陵的国子监齐名。之后战火弥漫,白鹿洞也经历了一番休整。到宋初时,庐山国学恢复了白鹿洞的名号,并扩建为书院,称为"白鹿洞书院"。现在保存的白鹿洞书院主体是明清时期修缮的建筑,不过其中仍有许多两宋时期的遗存。

白鹿洞书院在宋朝时的发展,离不开一个人,那就是紫阳先生朱熹。宋孝宗淳熙五年(1178),朱熹抵达南康(今江西庐山)就任。在任期间,他兴利除弊,为百姓做实事。当时正值干旱,很久都没有下雨,于是朱熹专门进行了研究,采取应对灾荒的赈济措施,使得因旱灾而受到损失的百姓们得以生存下来。

不过,政事固然重要,却也不会占据朱熹的全部生活。作为文人和理学家,朱熹同样关心文化建设。淳熙六年(1179)秋,朱熹前去探访白鹿洞书院,可是当时书院早就荒芜冷清。看到同在庐山的佛寺和道观却完好无损、人声鼎沸,朱熹不由得触景生情。佛寺、道观是宗教的宣传场所,尚且兴盛,书院作为传承儒学的载体,又是教书育人的重要场所,这样颓败下去,算怎么一回事呢?于是,朱熹多次上书皇帝,请求修复白鹿洞书院。

为了复兴白鹿洞书院,朱熹做出了很多努力。一方面，重建书院需要大量的资金与人力支持，朱熹于是筹集资金，为书院修建宅舍、准备藏书。由于宋初白鹿洞洞主为求取功名将书院的田产变卖，书院没有田产，失去了经济来源。为了解决这个问题，朱熹将筹来的钱财用于购买田塘等地产，共计三千余亩，为书院的长久立足提供了良好的经济支持。此外，他还广求名师，广招学生，正是在白鹿洞书院的这一段时间，他编成了用于教学的《大学》《中庸》《论语》和《礼记》四书。

此外，朱熹还邀请一些著名的学者到白鹿洞讲学，比如说淳熙八年（1181）的"白鹿洞之会"上，朱熹就和陆九渊二人共同讲学，朱熹负责讲授《中庸》的第一章，而陆九渊则负责讲授《论语》的"君子喻于义,小人喻于利"一章。这次讲学吸引了很多人的关注,朱熹和陆九渊都是学有所成的大学者,两人曾在"鹅湖之会"上就学术问题发生论争,再次相遇更是一次难得的学术碰撞。这次陆九渊本是因为兄长陆九龄去世而来,却被朱熹逮住上台讲学。朱熹听了陆九渊的讲学后深以为然,还把他的演讲内容刻在了书院门前的石头上。"白鹿洞之会"不仅展示了自由讲学的风气,也推动了书院本身的发展。

　　除了这些,朱熹还制定了书院办学的规则,这就是《白鹿洞书院揭示》。朱熹在其中强调了五点,分别是五常之教、为学、修身、处事和接物,这些充分反映了朱熹的抱负。他建设书院的本心,不是为名为利,而是发扬求学精神,使人修身明礼、通晓义理。后来,宋理宗的御笔一挥,《白鹿洞书院揭示》成了各地书院所共同遵行的规章,伴随着理学的传播,一度传播海外,在日本、朝鲜等地落地生根。

　　淳熙九年(1182),朱熹因为官职调动离开了南康。虽然他离开了,但他的门生故旧仍然在维持着书院的经营。可惜好景不长，不久，庆元党禁开始，朱熹及其学派在这场动乱中经受了不小的考验，白鹿洞书院也因此遭到打击。直到嘉定十年（1217），朱熹的儿子朱在在此地做官，子承父业，重新推动了白鹿洞书院的发展。白鹿洞书院和理学深深地缠绕在一起，对理学的发展也产生了一定的影响。

"紫阳学接千年统，白鹿名高万仞山"，由于朱熹的苦心经营，加上历代帝王的大力推崇，白鹿洞书院已然成为书院教育的典范。如今，这座积淀了宋代理学文化的建筑，依然静静地坐落在庐山五老峰，散发着属于它的清雅与神韵。

徐　珂

岳麓书院——惟楚有材，于斯为盛

如果去湖南旅游，岳麓书院是一个不可错过的景点。走进岳麓书院，首先映入眼帘的是门上挂着的匾额和一副对联，对联上写着："惟楚有材，于斯为盛。"这两句分别出自《左传》和《论语》，点出了岳麓书院是天下英才汇聚之地。

岳麓书院占地面积两万多平方米，现存建筑大部分为明清遗物。书院中最重要的场所当然就是用于讲学的讲堂，它处于书院的中心。讲堂之上摆放着两把椅子，为什么是两把呢？原来，古代讲学一般有两位老师，一位老师负责讲，另一位老师则负责解，在这一讲一解中，学生们逐渐加深对文章的认识和理解。

岳麓书院的名字来源于它身后的这座山——岳麓山。岳麓山的"岳"，指的是五岳之一的南岳衡山，因为岳麓山是从南岳衡山山

脉延伸出来的，而且从形态上观察，它是衡山山脉的尾部，于是人们就把它称为"岳麓"，意思是衡山之足。

岳麓山不仅风景秀丽，而且文化兴盛。西晋时期，岳麓山就有了一些佛教和道教活动，曾建有好几座佛寺和道观。位于岳麓山山腰的麓山寺，就是西晋时期开始修建的，也是我国的早期佛寺之一。唐朝大诗人杜甫曾来到岳麓山，写下了《岳麓山道林二寺行》和《清明》两首诗，使得岳麓山的名声再一次得以传播。唐末五代时期，战乱日起，两个僧人来到岳麓山，他们怀揣着发扬学问的信念，同时也为了让读书人能在乱世之中有一处可以依靠的地方，于是就在当地办起了学舍。

北宋太祖开宝九年（976），这时北宋开国还不久，战火才刚刚扑灭，为了振兴文化、培养人才，当时的潭州（今湖南长沙）知州朱洞在僧人办学的基础上，建起了书院。这时，书院也有了自己的名字——岳麓书院。不过，岳麓书院的创立非一日之功。宋真宗咸平二年（999），知州李允则对书院进行了扩建，为书院逐步奠定了讲学、藏书、供祀的基本规制。宋真宗大中祥符八年（1015），当时岳麓书院的山长（即院长）周式被宋真宗召见。周式颇受真宗赞赏，宋真宗不仅提升了周式的官职，还为书院亲自写下了"岳麓书院"的匾额。经过这次事件，在周式的经营之下，再加上皇帝的推崇，岳麓书院进一步闻名天下，成为名副其实的"四大书院"之一。

两宋之交，岳麓书院也经历了一些苦难，战火绵延，书院遭遇洗劫。幸好，宋孝宗乾道元年（1165），当时的湖南安抚使、潭州太守刘珙平定了当地的动乱，随即对岳麓书院开展了重建工作。在重建书院的过程中，他想到了曾经为自己出谋划策的张栻，于是就聘请张栻来担任书院的主讲。

张栻，也称南轩先生，是南宋知名的理学家。他出生在一个官宦之家，幼年的时候跟着父亲游历，自小学习儒学，并受到二程理学的熏陶。长大以后的张栻以颜回为自己的榜样，醉心于理学，听说五峰先生胡宏能够传授二程思想，连忙写信向他求教。两人一见如故，胡宏十分欣赏这个学生，将自己所学和二程的思想都传授给张栻。可惜，在两人结为师徒后不久，胡宏就去世了。之后，张栻跟着父亲到了潭州，在当地办了一所书院，这就是城南书院，既为教书育人，也为发扬理学思想。

宋孝宗隆兴二年（1164），张栻的父亲去世，在护丧回乡的途中，朱熹登船吊唁，两位理学大家就这样得以会面。这并不是一次简单的会面，两人畅谈三天，结下了深厚的友谊。自此以后，两人经常写信往来，就学术问题进行交流。

刘珙聘请张栻来岳麓书院担任主讲时，张栻还在城南书院讲学。他答应了这个请求，但也不想厚此薄彼，就在两所书院间往返讲学。乾道三年（1167），朱熹听说张栻在岳麓书院讲学，于是亲自上门拜访。这次拜访，既是老友相会，又是同道相逢，为了抓住这次千载难逢的好机会，张栻热情招待了朱熹，和朱熹认真地探讨学术问题，留下了后来人们津津乐道的"朱张会讲"。

在这次会讲中，两个人讨论的焦点是《中庸》。这一次讨论持续了三天三夜，两位大家的思想碰撞，犹如电光石火，精彩无比。朱熹在这里待了两个多月，

刘松年《山馆读书图》

吸引了很多青年学子前来学习听讲。作为一次纯粹的学术讨论，这次会讲无疑是相当成功的。通过辩论与探讨，朱熹和张栻在一些问题上取得了共同的见解，不仅对理学的发展有很大的好处，还影响了后来书院自由讲学的风气，促进了学术的自由交流。

在这两个多月中，除了学术讨论之外，朱熹和张栻之间的友谊也有所增进，在他们共同留下的联句中，我们可以体会到他们为了同一事业、同一理想共同奋斗的背后，也存在着惺惺相惜的情感。

登岳麓赫曦台联句

[南宋] 朱熹　张栻

泛舟长沙渚，振策湘山岑。（朱熹）
烟云渺变化，宇宙穷高深。（张栻）
怀古壮士志，忧时君子心。（张栻）
寄言尘中客，莽苍谁能寻？（朱熹）

光阴似箭，岁月如梭。虽然我们已经不能回到千年前，不能亲眼看到朱熹与张栻二人讲学的盛况，不过幸运的是，经历了千年的岁月，岳麓书院仍然在发挥着教书育人的作用。从古至今，岳麓书院都是读书人安顿精神的家园。他们在这里淡泊明志、宁静致远，在这里传承文化、创新文化，在这里享受学术争鸣、思想碰撞。在千年办学的过程中，岳麓书院培育了一代又一代具有士大夫精神的人才，正所谓"惟楚有材，于斯为盛"！

徐　珂

应天府书院——天下庠序，视此而兴

应天府书院，又叫应天书院、睢阳书院，与已经介绍过的白鹿洞书院、岳麓书院一样，同属于"四大书院"的行列。听到"应天府"一词，你的脑海中是不是想到南京了呢？不过，这个"南京"可不是我们今天的南京，应天府书院也不在南方，而是位于中原地区。

说起应天府书院的历史，可以追溯到五代十国时期的后晋。五代时期，官学遭破坏，中原地区开始出现一批私人创办的书院。儒士杨悫创办南都学舍，也叫睢阳学舍。杨悫有个学生名叫戚同文，他在小的时候就失去了父母，是被祖母带大的。他为人孝顺，聪明好学，得到了老师杨悫的看重，杨悫还将自己的妹妹嫁给了他。面对战乱，看到百姓在战火中流离失所，戚同文逐渐坚定了不做官的想法，下决心继承师业，留在书院一心办学，做些真正有益的事情。杨悫去世的时候，将身后事都托付给

了戚同文。戚同文并没有辜负老师的嘱托，在将军赵直的帮助下不仅扩建了学舍，还四处招揽有才学的人，睢阳学舍逐渐成为一个学术文化交流与教育的中心。

后周显德七年（960），赵匡胤作为宋州归德军节度使、检校太尉奉命出征，在陈桥驿黄袍加身，就此宣告了北宋的建立。通过一系列征战，宋朝收复了大部分土地，与周边少数民族的政权维持了较为和平的关系，政局也日渐稳定。

宋真宗景德三年（1006），据说为了追念宋太祖顺天应时建立宋朝的功绩，宋真宗于是将宋太祖当年起兵发迹的地点宋州（今河南商丘）改称为"应天府"。这当然是一部分原因，毕竟宋太祖开创了宋朝基业，功绩不可磨灭，作为后辈的宋真宗当然有理由颂扬祖先功绩，同时还能笼络人心，巩固朝政，何乐不为？应天府所在的位置十分重要，其南部连通运河，且周围有很多水道，向北就是京城，南下就是江南地区，是连接南北的重要通道。

不过，倒不是有了应天府，书院就成了应天府书院。戚同文病逝后，书院一度停办。直到真宗大中祥符二年（1009），应天府内有个名叫曹诚的百姓，在戚同文的老屋旁建了很多宅舍，收集了上千卷藏书，广招书生，一时间书院的热度又上来了。曹诚聘请了戚同文的孙子戚舜宾为主院，书院逐渐成形。

后来，曹诚决定把这些宅舍和藏书捐给朝廷，消息向上传达，得到了皇帝宋真宗的关注。宋真宗看到书院办学这么兴盛，特别开心，于是亲自给书院赐名"应天府书院"，还御赐匾额给书院。这样，应天府书院从普通的地方书院升级为官方书院，还为各地的府学办学开了头。宋人陈均编纂的《皇朝编年纲目备要》里面就有注解说："宋兴，天下州府有学始此。"大中祥符七年（1014），宋真宗又将应天府升为南京，作为陪都，应天府书院的地位再次获得提升，逐渐成了宋人学问的最高殿堂。

在宋代，还有一个人对应天府书院的发展起了重要的作用，他就是范仲淹。宋仁宗天圣四年（1026），当时晏殊正在应天府做南京留守，听说范仲淹因为母亲去世辞官在家守孝，于是邀请范仲淹到书院来讲学。范仲淹答应了。这不是范仲淹与应天府书院的第一次结缘。在十五年前,也就是大中祥符四年(1011),刚刚得知自己家世的范仲淹告别母亲,前往应天府书院求学。不过,此时的他还没有恢复父姓,也不叫范仲淹,而是跟着母亲改嫁后姓朱,名叫朱说。正是在应天府书院求学的几年中,他勤学苦读,充分浸润在书院的学习氛围中,逐渐形成慷慨兼济天下的抱负。书院的生活不仅培养了他的学术与思想,也奠定了他做人做事的底色。大中祥符八年(1015),范仲淹参加科举考试成功及第,不久之后被朝廷授予官职。任官之后,他接回母亲,并正式恢复范姓,这样我们知道的范仲淹,才算是"名实相副"地出现了。

曾受教于书院的范仲淹深深了解教育的重要性,对于曾经培养自己的"母校",他内心充满了深厚的感情。在应天府书院执教期间,为了办好书院,范仲淹制定了严格的规章制度,对学生们尽心尽力,尽量对他们因材施教,学生可以按照不同的专长入读各项分科,范仲淹因此也获得了学生们的敬爱。而这份努力和尽心,最直接的回报就是从应天府书院学成的学生"相继登科",这无疑是对范仲淹办学成功的一个有力证明。

范仲淹服丧期满重新回到朝廷后,继续他的政治生涯。应天府书院在景祐二年(1035)和庆历三年(1043)先后被纳为府学和南京国子监,成为当时北宋的三所最高学府之一,官方性质不断增强。庆历年间,范仲淹曾经推行庆历新政,应天府书院成为其推行教育改革的一个前线阵地,对北宋书院的风气的改善大有影响。北宋时,很多我们耳熟能详的人物,都曾在应天府书院学习过,比如欧阳修、王安石、韩琦、文彦博等等,可以说应天府书院确实为北宋培养了不少的人才。而随着金兵南下、宋室南迁,应天府书院毁于兵火,曾经的繁荣盛况荡然无存。元明清三朝,书院虽然有所恢复与重建,但已然无法再回到那个鼎盛的时代。

现在的应天府书院,是今人依据史书的记载在旧址上重新修建的,建筑按照规整的中轴线分布。

拜访书院时，首先映入眼帘的应该是大门上方挂着的"应天书院"牌匾，两根立柱上还有一副对联：

应天始兴学，书院冠华夏。
学子频中第，俊才擎宋廷。

今天，应天府书院仍然矗立在商丘古城中，旧貌已经不再，但是精神尚存。我们仿佛还能听到范仲淹当年对于学生的谆谆教导：明体达用，经济天下。这份"先天下之忧而忧，后天下之乐而乐"的济世情怀至今仍熠熠生辉。

徐　珂

安定书院——明体达用，格物修身

如果你要去寻访岳麓书院，就去湖南长沙；如果是去白鹿洞书院，那就直奔江西九江；如果你要去应天府书院，河南商丘就是你唯一的目的地。可是，要去安定书院的话，你可能就得好好想一想，毕竟摆在你面前的目的地可足足有四个呢。和前面的几所书院不一样，安定书院有好几个"分身"，散布在江浙两省的不同地区——浙江的湖州，江苏的泰州、扬州和如皋，这四个地方分别有一所安定书院。从名字上就可以看出，这些书院之间或许有什么关联，不错，它们的创办确实都与同一个人有关，这个人就是安定先生胡瑗。

胡瑗是宋朝有名的学者和教育家，他不仅学问做得好，在教育方面也很有一套方法。胡瑗出生在江苏泰州，父亲胡讷曾经做过宁海的节度推官。这个官职是一个从八品的小官，主要与地方长官的属吏一起处理有关法律的问

题，以及辅佐长官处理政事。由此可以看出，胡瑗并非出身于高门贵族。不过，胡瑗聪明好学，据说他在七岁的时候就已经非常擅长写文章，到十三岁左右时已经通晓了包括五经在内的儒家经典。

对古人来说，男子二十岁时要行冠礼，这意味着他们正式成人了。在二十岁的这一年，胡瑗千里迢迢从江南北上到泰山求学，并在那里认识了同学孙复和石介。三个人后来在学问上都很有成就，对宋代理学的形成有着重要影响，清代的《宋元学案》里就有"宋世学术之盛，安定、泰山为之先河"的说法。其中，安定指胡瑗，泰山则是指孙复，后世尊称胡瑗、孙复、石介为"宋初三先生"。

胡瑗的成就离不开他认真刻苦的学习态度。为了潜心学习，胡瑗不仅废寝忘食，甚至十年都未回家。

据说为了增加学习的时间,让自己能够全神贯注地学习,每次父母从家乡寄家书过来,胡瑗一看写有"平安"两个字,知道家里没有出现什么变故后,就把家书直接扔进山涧,剩下的内容就再不看了。这就是一生与学问为伴的安定先生胡瑗。

在泰山苦学十年后,胡瑗学成归来,自此开始了他四十几年的教书生涯。宋仁宗景祐元年(1034),胡瑗在苏州讲授儒家经典。当时在苏州任知州的范仲淹久闻胡瑗大名,听说胡瑗在苏州后,立刻聘用他做自己请旨设立的郡学的老师。在胡瑗的主持下,苏州府学文风大兴,人才辈出,盛况空前。

庆历年间,范仲淹的好友滕子京在湖州任官,他邀请胡瑗到当地的州学来主持教学。在湖州教书期间,胡瑗不仅制定了详细的教学规则,以身作则,既严师徒之礼,也将学生当作自己的子侄来看待。更重要的是，他逐渐设计出一套分斋教学法，即在学校分设经义斋和治事斋。经义斋，顾名思义，主要学习的是儒家经典和义理思想。治事斋，针对的则是比较实用的一面，学生可以根据自己的兴趣，选择学习农田、水利、军事、天文、历算等各种实学。每个学生可以专门学习一门作为主科，同时也要了解、吸收一门或几门其他实学。这样，胡瑗实际上既考虑到学生的不同需求，同时还将"明体"与"达用"结合起来，一改之前那种追求华丽浮夸、实际毫无用处的治学风气，推动了经世致用这一学风在宋朝的发展。

胡瑗的这种分斋教学法取得了十分显著的效果，影响也十分广泛，四方学子纷纷到湖州来求学，朝廷的官员也来向他"取经"。庆历年间，全国上下兴起了一股办学的热潮，朝廷决定在都城开封建立太学。不过，建学校容易，办得好却不简单。为了办好太学，主管的官员决定南下湖州向胡瑗求教，将他教学的方法记录下来，编成诏令回去指导太学的兴办。不仅如此，胡瑗在湖州的教学还促成了湖学的诞生和发展。

皇祐年间，胡瑗又受召到太学任教，《宋史》里记载了当时的盛况：

> 瑗既居太学，其徒益众，太学至不能容，取旁官舍处之。

在这短短的几句话中，我们很容易就能想象出当时胡瑗受欢迎的情况。那些从胡瑗的讲堂中走出来的学子，受教于胡瑗明体达用、经世致用的思想，以后为国家的发展和兴盛做出了他们自己实打实的努力。

嘉祐四年（1059）四月，胡瑗因病退休，六月，他病逝于杭州，时年六十七岁，葬于浙江湖州。胡瑗影响下的宋朝教育滋养着无数的读书人，今天我们所能看到的四所安定书院，基本上都是后人为了纪念胡瑗而建的。比如说湖州的安定书院，就是在原来的安定先生祠上所改建的。安定先生祠是北宋熙宁年间，由当时的湖州知州孙觉为了纪念老师胡瑗而请旨修建的。而泰州的安定书院则始建于南宋时期，曾是胡瑗讲学的旧址，现在是江苏省泰州中学的老校区。据说，书院内的银杏树是当年胡瑗讲学时亲手种下的。

在胡瑗的身上，我们可以看到宋人的"书院精神"以及宋代士大夫的师道精神。宋代士大夫积极入世，创办书院，推动宋学之兴，复兴师道，在传道授业的过程中倡导修身、齐家、治国、平天下，这是属于宋代的文人理想。

徐　珂

丰乐楼——宋代第一大酒楼

《水浒传》中出现过一个名为樊楼的酒楼，陆谦请林冲在樊楼吃酒以示诚意。樊楼在宋代是真实存在的，它是一座酒楼，又名白矾楼，后改名为丰乐楼，是当时东京开封城中最繁华的娱乐场所。

在中国古代建筑类型中，宋代酒楼是一个特殊的类别，它同时囊括了饮食、交游、娱乐、文化等多种宋代生活元素。宋代的酒楼，在某种程度上类似于我们今天所说的饭店，规模有大有小，最豪华、最知名的当属开封城的樊楼。以樊楼为代表的宋代酒楼已经成为宋代都市的一种生活方式与文化符号。遥想当年那灯火通明、极尽豪华的樊楼，宋代城市生活的画卷便在我们面前缓缓展开。

《东京梦华录》中描述了樊楼的繁华盛况："五楼相向，各有飞桥栏槛，明暗相通，珠帘绣额，灯烛晃耀。"意思是樊楼的楼宇之间各

有飞桥相通，各种装饰精巧细致，锦绣交辉。

樊楼附近的游人往来如织，日常顾客更是在千人以上，樊楼不愧为汴梁七十二家正店之首。宋代诗人刘子翚情不自禁地留下了"梁园歌舞足风流，美酒如刀解断愁。忆得少年多乐事，夜深灯火上樊楼"（刘子翚《汴京纪事二十首》）的赞叹。

樊楼原名白矾楼，简称矾楼。一开始是宋代商人聚集在一起卖白矾的地方，所以称之为"白矾楼"。为什么原来经销白矾的矾楼会一跃成为宋代最豪华的酒楼呢？原来在北宋时期，时人风气普遍弘文抑武，推崇文人雅士，文化事业十分繁荣，所以人们对于纸张的需求量很大，据说当时光是开封的造纸作坊就有上百家之多，而白矾则是造纸时不可或缺的配料，这样看来，白矾楼生意兴隆是很自然的事。

后来，因为聚集的人多了，白矾楼就变成了酒楼。人们又误以为其老板姓樊，所以就讹传成了樊楼。到了宋徽宗宣和年间，樊楼改名为丰乐楼并进行扩建。此时，北宋朝廷正面临内外交困的局面，这"丰乐"二字寓意着人们对丰乐盛世的期盼，不过樊楼这一名字已深入人心，所以也被人沿用下来。

在宋徽宗之前，丰乐楼的规模不大，和一般酒楼比起来并无多大区别，但经过宋徽宗扩建之后，丰乐楼顿时焕然一新。根据《宋会要辑稿》和《能改斋漫录》的记载，大致可以知道丰乐楼位于东华门外的景明坊（今开封市南京巷附近），此地正是当时开封城的核心商业区，位置优越，商贸繁荣。

丰乐楼作为当时的地标性建筑，以高闻名，甚至比皇宫还要高，在丰乐楼的顶层可以俯视皇宫，不过一般禁止百姓登高望远。诗人王安中还特地赋《登丰乐楼》诗抒发感慨："日边高拥瑞云深，万井喧阗正下临。金碧楼台虽禁御，烟霞岩洞却山林。"可见丰乐楼的高耸与奢华。

宋代的酒店有正店与脚店之分，规模宏伟的酒楼被称为"正店"，小酒店只能说是"脚店"。划分的重要标准则是其是否有酿酒权。丰乐楼自然可以被称为"正店"。天圣五年（1027）八月，宋仁宗为了增加国家财政收入，下令要求东京三千家脚店酒户每天只能去丰乐楼取酒来沽卖，这就使得丰乐楼的地位进一步得到提升。

在北宋，一流的酒楼除了丰乐楼，还有任店、仁和店、高阳正店、清风楼、八仙楼等，总共七十二家，足以说明当时开封城的餐饮行业是多么繁荣，市民消费生活的规模更是令人惊讶。由于酒肆林立，市场竞争十分激烈，有名的酒楼都有自己的招牌美酒。丰乐楼尤以"眉寿""和旨"两款美酒最为出名，前者取健康长寿之意，后者是指酒甘醇美味。即便是像丰乐楼这样的大酒楼，也会用到一些招揽客人的手段，如元宵节时，丰乐楼在每一瓦垅中都会放上一盏莲花灯，远远望去，恍如白昼。

说起丰乐楼的美食，那更是远近闻名。店内珍馐佳肴种类繁多，根据《山家清供》等资料记载，丰乐楼中的美食有樱桃煎、双色双味鱼等。这些美食均受到当时人们的追捧。据说如果不想出门吃饭，可还是想要品尝美食，在北宋东京城也不是难事。宋代也有送外卖的小哥，在《清明上河图》中，我们就能看到一个系着围裙、拿着食盒的外卖小哥，由此可见宋代餐饮业的繁荣。

夏永《丰乐楼图》,描绘了南宋临安的丰乐楼

南宋淳祐年间,人们又在临安(今浙江杭州)西子湖畔的耸翠楼旧址上重筑了一座新的丰乐楼。据说,这座丰乐楼曾以众乐亭、耸翠楼等命名,最后还是改为丰乐楼。新丰乐楼以其高耸的特征成为临安的地标性建筑,可以说是"上延风月,下隔嚣埃",非

常壮丽。

  南迁的宋人对故土、旧都念念不忘，以此来复刻并回忆曾经的繁荣景象。不同于北宋时期的丰乐楼，南宋的丰乐楼建于湖山之畔，因其特殊的地理位置所营造出的景观，被人们赞誉为"湖山之冠"。南宋的丰乐楼更像是一座依西湖而建的园林，湖光山色尽收眼底。《梦粱录》中有这样的记载："据西湖之会，千峰连环，一碧万顷，柳汀花坞，历历栏槛间。"好一派湖山佳境！只是已不见往昔的人声鼎沸，北宋丰乐楼的繁盛景象也只是存留在一代人的记忆中。

顾诗兰

和风驿——富丽堂皇的地方馆驿

在古代，统治者若想确确实实地掌控整个国家，就需要疾行的车马来传递公文，需要调派官员往来各地。那么，"驿"就十分重要了。按《说文解字》所言："驿，置骑也。"换言之，它就是供人中途休整、补给的站点。

到了宋朝，驿站体系已经发展得相当成熟，宋代驿传制度的一大特点是驿递分立。递是指传递政府公文和书信，根据紧急程度和交通工具的不同，递又分急脚递、马递和步递等数种。而驿则逐渐成为单纯的寄宿点，通俗地讲，驿站就是古代的酒店或宾馆。

和现在的酒店一样，宋代的馆驿之间也有很大的差别。许多位于都城的国家级馆驿是专门用来招待各方使节的：班荆馆和都亭驿招待的是契丹使者，来远驿招待的是西夏使者，而怀远驿则负责接待来自更远地方的使者。这些馆驿内部甚至大到完全可以用来举行国宴。无

疑，普通人是不能靠近这些地方的。

除了这些国家级馆驿，全国各地还有很多小型的驿站。不少驿站因资金不足，难免有点寒碜，于是档次也就降了下来，连落魄的行人都可以来搭宿。

不过，这并不是说地方上的馆驿就一定简陋，宋代有一个叫毛开的文学家，用细腻的笔调，写下了一篇《和风驿记》，里面描述道：

> 为屋四十三楹，广袤五十七步。堂宇胪分，翼以两庑，重垣四周，闲闳有闹，庖湢库厩，各视其次。爽垲靓深，崇大华奂，凡所规画，咸如其素。门有守吏，里有候人，宾至如归，举无乏事。

和风驿位于浙江衢州，是一座豪华的地方馆驿，光是房间就有四十三间，里面的各种硬件软件设施都装饰得富丽堂皇，加上仆从殷勤，服务满级，别说"宾至如归"，在家里恐怕也不会这么自在。

当然，和风驿并不是一开始就如此豪华。根据毛开的说法，这里最开始的确有驿站。到了宋徽宗宣和二年（1120），饱受花石纲之苦的方腊振臂一呼，宣布起义。起义之势席卷东南，和风驿便在兵荒马乱中遭到焚毁。靖康之变后，汴京沦陷，全国各地乱哄哄一片，也就没人顾得上这个小小的驿站了。于是，残存的木石建筑渐渐腐烂颓圮，草木日渐旺盛，掩盖了昔日的建筑。狐狸猫鼠在那里栖息，强盗奸人在那里躲避，普通人唯恐避之不及，更别提借宿了。

这样荒凉的场景一直持续了近三十年，直到绍兴十七年（1147），新来的郡守张嵲才在光远门重建了和风驿，它也叫作航水驿。根据毛开的说法，张嵲着实算个有为之人，他来到这里后，治理得当，地方收入年年创新高，于是便有了钱来整修一下官府设施。

一次，他拿着过去的地图，突然发现还漏了个和风驿，当即便感叹道："自我来到这里后，一扫旧尘，建设新业，已经小有成就。遗憾的是，这里没有驿站，我照顾到了近的地方，却忽视了较远的地方。"于是，张嵲找到下属——一个叫赵不猷的邑令，让他立刻着手组织安排人力，开始兴建驿站。

在古代，政府办这类事情并不需要承包给什么建筑队。百姓承担赋役，所谓"役"，就是在某段时间过来给政府免费打工。说来也神奇，这赵不猷也不知道怎么调度的，和风驿仅用一年便大功告成，而且建造期间并未对老百姓的生活造成太大的负担。

和风驿建好后，人们看到壮观的新驿，大为震惊，便编歌谣来称颂张嵲的仁政，将他与古之贤人子产相比。我们可能会觉得疑惑，建个驿站也值得大夸特夸吗？事实上，古代生产力水平没那么高，官府为维持正常运转的开支，除非横征暴敛，不见得会有多少盈余来兴建土木，何况还不是用来修整衙门，而是重建对外的通道呢？所以，修建驿站其实也是古代官府政绩的体现。

那么，张嵲究竟为什么要特地修这样一座"五星级酒店"呢？难道是为了搞"形象工程"、夸耀政绩吗？其实不然。和风驿位于浙江衢州，衢州素有"五路总头""四省通衢"之称，连接着赣、广、闽和皖南的水陆交通干线，本来就是重要的交通枢纽。到了南宋，都城转移到临安（今浙江杭州），衢州离都城比较近，地位愈加显赫。郡守在这里重修驿站，也解决了

舟车频繁往来的住宿需求。这便是毛开在文中所说的:

> 衢为州,当东南孔道,闽越之交,舟车往来,视一都之会,以故舍馆为尤急。

除了和风驿,张峴其实还在上航驿西面的洪山坝设置了信安马驿,在江山县设置了江山驿,在常山县设置了草萍驿和重川驿,在开化县设置了重溪驿,在龙游县设置了熙宁驿。整个衢州府内,驿站星星点点,连成一片,交通通畅顺达。

和风驿的建造,大大提高了交通的便利度。其实,宋代的很多地方性驿馆,不仅为艰苦的行旅生活提供

范宽《溪山行旅图》(局部),画面右侧有一支行旅队伍

了便利，也一定程度上促进了旅馆业的繁荣。宋人外出喜欢住客店，称旅途中的停驻休息为"下程"，称行旅歇宿之处为"下处"。在《清明上河图》中，沿街可见旅店和店铺，宋代旅馆业的繁荣可见一斑。据《东京梦华录》记载，北宋都城开封城内，州桥东街巷"东去沿城皆客店，南方官员商贾兵级，皆于此安泊"。旅馆业的繁荣也是宋代商业繁荣的一大体现。

不仅仅在都城，一些偏僻的地方也建有旅馆，当然这些偏僻地方的旅馆无法和都市中的旅馆相比，显得简陋不少。有些旅馆还是私人经营的，在南宋临安就有数十处由后宫、内侍及权贵创办的高级榻房。这些星罗棋布、人来人往的宋代驿馆，留下了太多的羁旅之思和旅途故事，我们可以从中窥探宋人的生活图景。

曾亦嘉

望湖楼——西湖之畔的观景胜地

楼，就是有两层及两层以上的房屋。古人的楼与现在不同，种类、样式更为丰富，有宅院里用来居住的阁楼，有城墙上专门用来存放物资的城楼，还有用来观赏景观的楼阁。本篇的主角是建在西湖之畔的望湖楼。

望湖楼，顾名思义，是观赏西湖风光的楼，位于杭州市北山路宝石山下。登楼眺望，可以一览西湖的湖光山色，是观景休闲的好去处。望湖楼为两层小楼，有着朱色单檐和双层歇山顶，飞檐翘角，在绿树掩映之中显得古典优雅又不失灵动。"其上天如水，其下水如天"，好一派湖山佳境。

望湖楼始建于北宋乾德五年（967），为吴越王钱弘俶所建，初名看经楼。当时，杭州还没有被北宋收复，是吴越国的都城。吴越国是五代十国中的十国之一，作为偏居一隅的小国，历经了唐末至宋初的几十年历史变革，在

政治、军事、经济等方面都有着不小的成就，最后主动纳土归宋。

钱弘俶归降宋朝之后，不仅自己避宋太祖赵匡胤的父亲赵弘殷名讳，只称钱俶，省去"弘"字，看经楼也更名为望湖楼。毕竟看经楼的地理位置实在是过于优越，上楼的人往往醉翁之意不在酒，顾不得看枯燥无味的"考试教材"，只想借助这一等观景的好位子痛痛快快地赏一赏西湖美景，让这座楼发挥一下"望湖"的作用。

此后，望湖楼迎来了一位著名的"游玩爱好者"——苏轼。熙宁四年（1071），苏轼因为提及王安石变法的弊端，不甘示弱的王安石进行反击，派人在宋神宗面前报告苏轼的错误，于是苏轼自请出京，来到杭州做通判，开始了第一次杭州三年游。

熙宁五年（1072），也就是苏轼在杭州的第二年，这时他已经将西湖边上的风景名胜逛了个遍，望湖楼就是他赏玩西湖的必去之处。六月二十七日，苏轼又开开心心地坐着船游西湖。谁料船刚刚驶到湖中央，天公不作美，下起了大雨，于是苏轼诗兴大发，写下

了《六月二十七日望湖楼醉书》:

> 黑云翻墨未遮山,白雨跳珠乱入船。
> 卷地风来忽吹散,望湖楼下水如天。

乌云在天空中翻涌,与远山纠缠,晶莹剔透的水珠在船上蹦跳。一阵狂风忽然袭来,吹散了暴雨,当狼狈的苏轼逃到望湖楼上时,水面却已经如同天空一样开阔平静了。雨水既然已经停了,苏轼自然又潇洒地转了回去,继续去欣赏雨后水光潋滟的西湖。于是这一天,大文豪伴着醉醺醺的酒意,写下了名传千古的诗篇,一举捧红望湖楼,成为了望湖楼的第一位"全国代言人"。

苏轼作为一个处处可以交到好朋友的"社交达人",虽然是被贬到杭州,但依然找到了不少一起喝酒写诗的知己好友,陈襄就是其中之一。陈襄是"海滨四先生"之首、"古灵四先生"之一,是宋仁宗、宋神宗时期的名臣。熙宁五年(1072),同样反对王安石"青苗法"的陈襄成为杭州知州,和苏轼在杭州相遇。

按照宋朝的政治制度，知州掌管郡县的政治事务，通判则监察政治事务，一起决定郡县内的大小事宜。苏轼和陈襄，一人是通判，一人是知州，在官场上相辅相成，在私底下交情甚笃。陈襄恰好比苏轼大了二十岁，也算得上是苏轼的忘年交，两人一同饮酒、听雨、和诗，在西湖各处都留下了诗篇。熙宁六年（1073），苏轼去常州、润州出差，第二年年初，孤单的苏轼开始怀念起自己在杭州时的老伙伴了：

故人不见，旧曲重闻。向望湖楼，孤山寺，涌金门。

这是苏轼《行香子·冬思》一词中的名句。去年春天，苏轼还和陈襄在杭州踏春，喝酒写诗，到处留下题诗作为"到此一游"的证据，一起感叹风景的优美，抱怨新政的弊端，志同道合，是多么快活啊！可是现在，两人却分隔千里，不能相见。春天再次来到，苏轼却没有办法和陈襄再一次踏青游玩了，这是多么让人难过呀！每次听到旧曲，回忆起在望湖楼、孤山

李嵩《夜潮图》，画中是一座宋代的临江之楼

寺、涌金门的悠闲时光，让人不禁怀念故人，感慨时光流逝。

更巧妙的缘分是，不仅苏轼和陈襄在望湖楼流连忘返，被两人一起反对并且直接导致两人来到杭州的王安石居然也来到了望湖楼。王安石在望湖楼匆匆一游，沉醉于西湖的湖光山色之中，直到不得不离开了，才在马上写下了《杭州望湖楼回马上作呈玉汝乐道》一诗：

水光山气碧浮浮，落日将归又少留。

从此只应长入梦，梦中还与故人游。

西湖的风光是多么令人沉醉，明明已经到了夕阳西下的时候却还是再待了一会儿才肯走。之后就算离开了望湖楼，估计也要常常做梦，在梦里继续和老朋友一起逛西湖。王安石意犹未尽的夸赞，让望湖楼再一次名声大噪。

这座湖边小楼，第一位"全国代言人"是北宋中期文坛领袖、位列"唐宋八大家"的苏轼，第二位"全国代言人"则是当过宰相、同样位列"唐宋八大家"的王安石。两位文坛大家让这座依山临湖的楼台名传千古。自此，望湖楼荣登西湖绝佳观景之地排行榜的前列。凭栏远眺，碧空绿水青山，谁见了不称赞一声"天容水色西湖好"！

郁　秦

过溪亭——风雅真趣亦可贵

亭是一种有顶无墙的建筑物,功能主要是供行人稍事休息、暂避风雨。有的亭,可能简陋一些,呈三角形,以茅草为顶,以竹竿为柱,有个坐处,能挡一下雨,或者遮一下阳光,就可以了。有的可能就豪华一些,呈四角形,不仅是木檐木柱,甚至可能是重檐,配有匾额、楹联。有些亭,因为有故事,更是从宋代传到今天,成为著名的景点。

宋代最著名的亭子,也许要数滁州的醉翁亭吧,因为有欧阳修的著名散文《醉翁亭记》。醉翁亭太有名了,这里就讲一个名声稍逊、与欧阳修的学生苏东坡有关的一个亭子,叫过溪亭,又叫二老亭。这个亭子在清代被乾隆赐名为杭州西湖龙井的八景之一,现在仍然是很受欢迎的景点。

过溪亭风景甚佳,它的由来非常充分地体现了宋代人的思想感情和风雅真趣,因此为人

所津津乐道。

当年，苏东坡在杭州任官时，曾做了许多造福后人的事情。比如他疏挖西湖淤泥堆成长堤，不仅使湖变深，改善水质，而且方便了南北的行走。后人为纪念他，称这条长堤为"苏堤"，与唐代白居易修的"白堤"构成了西湖景区最美的景观。此外，他还创制了脍炙人口的红烧肉，被后人称为"东坡肉"。

苏东坡是大文豪、大学者，在政事之余，他很喜欢与世外的高僧来往，谈诗论禅。其中，他与辩才和尚的交往就是著名的美谈。他们的友情交往，不仅为杭州添了一座过溪亭,而且还为我们留下了一幅书法墨宝。

辩才和尚是杭州上天竺法喜寺的方丈,俗姓徐,名元净。十八岁时,辩才来到杭州上天竺,修习天台教义。由于他很善于说解佛学法义,因而闻名东南,甚至为朝廷所知,宋神宗专门赐他紫衣袈裟,又赐法号"辩才"。

后来,辩才年届古稀,因为精力衰退,决定从上天竺归隐龙井,可以静修。只是,慕名来访者很多。无可奈何,辩才给自己定了一个清规,张贴在寺内,

既是自律，也算是对访客的提醒。这个清规是：殿上闲话，最久不过三炷香；山门送客，最远不过虎溪。虎溪是从龙井流下的一条小溪，因溪中有一块巨石像一只伏虎，因而得名。

某日，苏东坡专门去龙井拜访辩才。回时，辩才照例相送，但两人相谈甚欢，不知不觉中送过了虎溪，直到左右侍者提醒。辩才笑着引杜甫的诗回答道："与子成二老，来往亦风流。"

为了纪念与苏东坡的友情以及这一桩趣事，辩才在溪上专门建了一座亭子，取名"过溪亭"，又称它为"二老亭"。亭落成后，辩才给苏东坡写了一首诗，即《龙井新亭初成诗呈府帅苏翰林》，诗中重申了杜甫的诗，"过溪虽犯戒，兹意亦风流"，同时也对苏东坡的政治生涯作了祝愿与勉励，"愿公归廊庙，用慰天下忧"，堪为知己。

苏东坡回了一首和辩才的诗，诗名为《次辩才韵诗》，并且写了一段小序，对两人过溪的趣事作了详细的记录：

辩才老师退居龙井,不复出入。轼往见之。常出至风篁岭,左右惊曰:"远公复过虎溪矣!"辩才笑曰:"杜子美不云乎,'与子成二老,来往亦风流'。"因作亭岭上,名之曰"过溪",亦曰"二老"。谨次辩才韵,赋诗一首。眉山苏轼上。

　　日月转双毂,古今同一丘。惟此鹤骨老,凛然不知秋。去住两无碍,天人争挽留。去如龙出水,雷雨卷潭湫。来如珠还浦,鱼鳖争骈头。此生暂寄寓,常恐名实浮。我比陶令愧,师为远公优。送我还过溪,溪水当逆流。聊使此山人,永记二老游。大千在掌握,宁有离别忧。

　　元祐五年十二月十九日。

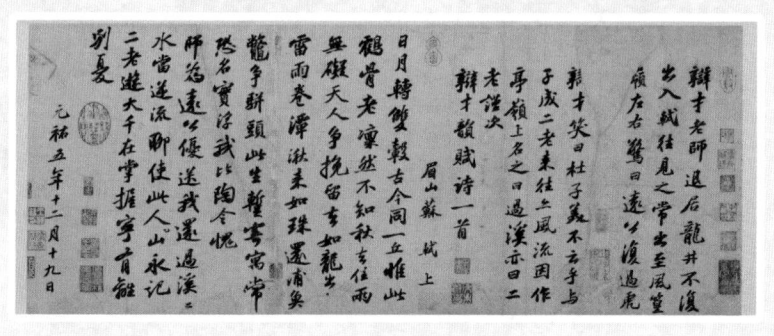

苏轼《次辩才韵诗帖》

苏东坡在诗中对辩才作了德高才显的高度赞美，将辩才比作慧远，自己则谦称远不如陶渊明，诉说了两人的友情。苏东坡的落款是元祐五年（1090）。这时距苏东坡政治上落难贬到黄州已过去十年多了，沧桑不介于怀，也许是内容富具友情与真趣，让人心境舒朗平和。苏东坡的这幅《次辩才韵诗帖》，字迹丰腴浑厚，而又清雅秀逸，成为珍贵的苏东坡法帖。

何　俊

沧浪亭——清风明月本无价

园林，是在已经存在的自然景致的基础上，加上一些人工改造的游乐景区，常见的改造有筑山、叠石、理水，表达了园林主人的审美趣味和精神文化，大家耳熟能详的苏州园林就是古典园林的优秀代表。在这里，就来讲讲苏州园林的代表沧浪亭，它既是亭名，又是园林名，是苏州唯一以"亭"命名的园林。

沧浪亭是苏州四大园林之一，被联合国教科文组织列入《世界文化遗产名录》，是一座典型的宋代园林。走进沧浪亭，一池清水隔开闹市与园林。跨桥入园，门厅东侧有面水轩，西侧有锄月轩、藕花水榭。水边有复廊，巧妙地连接起山和水，开拓了视野。穿过门厅，可以直接看到一座小山，沧浪亭就在上面。山南建筑更是丰富多元，清香馆、五百名贤祠、明道堂、看山楼等倚山而建。园林中的连廊还有各种形状的漏窗，透过漏

窗，内外山水隐隐迢迢，相映成趣。

这座园林和"沧浪"这个名字最早属于"中江三苏"之一的苏舜钦。苏舜钦是北宋著名的文人，在政治上，他倾向于以范仲淹为首的改革派，并且是改革派主力杜衍的女婿，于是顺利地在北宋庆历四年（1044）得到推举，成为了集贤校理。不过好景不长，之后苏舜钦遭到弹劾，被削籍为民，他想起多年前曾饱览的江南美景，便立即离开都城开封，直奔苏州，以寻求精神慰藉。

他来到苏州时，恰好是夏天，南方的夏天又热又闷，他就寻思着找个凉爽的地方避暑。四处闲逛之下，他遇见了一块令他心动的荒地。这里土地广阔，草木茂盛，又三面临水，苏舜钦打听了一下，发现这里还大有来头，是吴越国王的亲戚孙承祐的园子。苏舜钦没有犹豫，花费四万铜钱火速买下了这块地，傍水筑亭。至于"沧浪"这个名字，据说是出自《楚辞·渔父》中渔父对屈原所唱的歌："沧浪之水清兮，可以濯吾缨；沧浪之水浊兮，可以濯吾足。"

找到避暑胜地的苏舜钦不仅经常前去游乐喝酒，

喝完酒诗兴大发，还写了不少歌咏沧浪亭的诗歌和文章。在风声竹影中，他获得了心灵的宁静，开始反思早年在官场上汲汲营营的行为。与其在官场汲汲于功名，不如寄情园林，畅饮高歌。苏舜钦在这里悟到了与山水为伴、以诗歌为乐的人生境界。

　　文人墨客常常邀请好友一起喝小酒、写写诗，苏舜钦也不例外，常常邀请小伙伴们一起避暑游玩。他的好友欧阳修、梅尧臣等人对沧浪亭的赞美让沧浪亭更加出名。欧阳修用"清光不辨水与月，但见空碧涵漪涟。清风明月本无价，可惜只卖四万钱"来盛赞沧浪亭。他不仅夸耀了沧浪亭的风光，还为苏舜钦遭受贬谪打抱不平。梅尧臣的诗则更为风趣："闻买沧浪水，遂作沧浪人。置亭沧浪上，日与沧浪亲。宜曰沧浪叟，老向沧浪滨。"六个沧浪连用，读起来朗朗上口，诙谐生动，十分有趣。

　　苏舜钦之后，沧浪亭断断续续迎接了好几任新主人，最后由章惇、龚明之两人平分。章惇当时任相，财大气粗又身居高位，于是花费了大笔钱财扩建园林，新增了许多亭台楼阁。令人惊奇的是，动工时，他发现沧浪亭北边一座洞山地下有嵌空大石，传说是五代广陵王偷偷埋下的宝藏，于是章惇兴高采烈地整修了洞山，形成了两山相对的景象，这时的沧浪亭开始有了园林的恢宏气势。然而，辛辛苦苦将沧浪亭改造完毕的章惇还没来得及好好享受一下，就因为被贬而离开了沧浪亭。

迷人的沧浪亭很快吸引到了新的主人。绍兴初年，韩世忠带兵经过时对沧浪亭一见倾心，章氏后人便把园林献给了他，上百口人的章氏家族一日之间被迫搬离沧浪亭。沧浪亭从"章氏园"变成了"韩园"。韩世忠同样兴致勃勃地对沧浪亭进行了改造，他在相对的两山之间修筑了飞虹桥，留下了翠玲珑、清香馆和瑶华境界，奠定了沧浪亭的建筑布局。沧浪亭远离战争和朝堂纷争，韩世忠也在这里度过了一个悠然享乐的晚年。

可惜的是，南宋末年，沧浪亭一度荒废。元、明两朝时，沧浪亭沦为寺庙。到了清朝，许多地方官又对此进行重修，形成了现在的沧浪亭。清朝时重修和宋朝的沧浪亭有着很密切的关系，对假山和池水的改

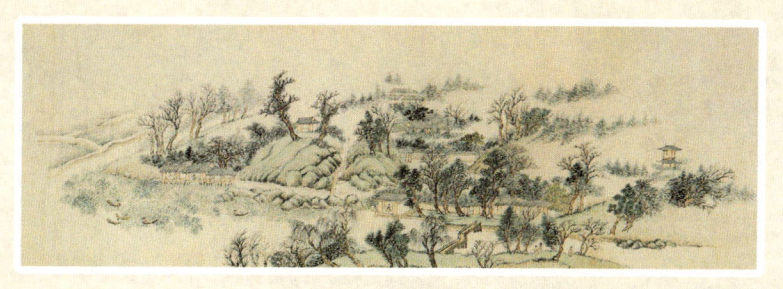

王翚《沧浪亭图卷》

动并不大，不少景点名、对联也都出自苏舜钦及其友人的诗文。可以说，现在的沧浪亭，有着宋朝的风骨和清朝的外壳。

沧浪亭园林中最著名的景点，就是沧浪亭本身。苏舜钦所建的沧浪亭原本在园林北埼，清朝康熙三十四年（1695），巡抚宋荦首次将沧浪亭移位到小山之上，之后数次重修也维持在此地。沧浪亭中保存的石棋枰据说是苏舜钦遗物，两侧刻有清代学者梁章钜集句而成的名联"清风明月本无价，近水远山皆有情"，上联取自欧阳修诗《沧浪亭》，下联取自苏舜钦诗《过苏州》。沧浪亭虽小，但是颇有一股文人的逸趣。

斯人已逝亭犹在，沧浪亭见证了苏舜钦从被贬失意到鱼鸟共乐的蜕变，陪伴了韩世忠从主战抗金到悠游而终的转折,宋人的生活已经成为过去,沧浪亭依然在无声地诉说着历史。当我们跨过水,走过树,登上山,一览园林的山意水情,大概就能体悟到这美妙而无价的清风明月。

郁　秦

合江亭——两江交汇处的千载古亭

在四川省成都市，有这样一个亭子，它有两个顶、八个角、十根柱子，构思巧妙。每当中国传统节日来临时，就会有市民来到这里放灯祈福，谈笑风生，热闹非凡。它便是始建于唐代贞元年间，在北宋时重建并达到鼎盛的合江亭。

合江亭，顾名思义，是指位于两条江汇合之处的亭子。是哪两条江呢？答案就是府河和南河。这两条河在合江亭这个地方汇流，合成了府南河。站在合江亭上，可以将两条河的风光尽收眼底，风景绝佳。

这样一个地理位置独特的亭子，静静地立于江边，见证了时代的盛衰与历史的变迁。

早在唐代，因为靠近两河的优势，合江亭所在的地方成为了一个繁华热闹的码头渡口。当时，数不清的舟楫停泊在这里，人们在这里喝酒、饮茶、聊天、打趣，美景不绝，欢笑不

断,有点像现在的"市政公园"。

到了五代的时候,王公贵族看上了这个亭子,经过修缮,它变得豪华了,但是却渐渐远离了百姓,成为王公贵族专用的地方。

北宋后期,整个国家战乱频仍,在这样一个大背景下,贵族渐渐失去了玩乐的兴趣,而合江亭也因此被丢弃在一边。经过战乱的合江亭已经残破不堪,亭顶坍塌,立柱折断,失去了原有的光华,等待着历史风波的冲刷。

幸好,在宋神宗元丰年间,北宋一代名相吕大防拯救了它。吕大防是北宋时期的政治家、书法家,京兆府蓝田(今属陕西)人。他的一生,可以说是在官场中起起伏伏。他是进士出身,元祐年间曾官至尚书左仆射,与范纯仁、刘挚等同时执政。宋哲宗时期,因为政治斗争,他被降级为中等官员。绍圣四年(1097),他再次被降级,至江西时因病去世。

神宗年间,吕大防被任命为成都太守。有一天,他经过合江亭,看着它衰败的景象,回想起它辉煌的历史，心中不忍，很是惋惜，便命人修缮重建，将它作为船官处理政事的场所。

吕大防对合江亭感情颇深，还专门写了一篇文章《合江亭记》。这篇文章文笔优美，开篇回顾了成都水利的治理历史，赞赏了都江堰的建造成就，提到了张若、李冰做蜀郡太守时的政绩。在文中，吕大防细腻地描写了合江亭的美丽景色，"鸣濑抑扬，鸥鸟上下"，湍急的江水发出抑扬顿挫的鸣声，鸥鸟在江上飞上飞下。他还阐述了自己修缮它的原因，"从茀不治，余始命葺之，以为船官治事之所"，曾经繁华的合江亭如今杂草丛生，无人治理，他才下令将这里重新修葺。文章最后阐释了兴修水利对百姓的好处，"俾其得地之利，又从而有观游之乐，岂不美哉"，百姓既得土地之利，又有了观赏游玩的乐趣，真可谓一件美事，可见

吕大防殷切的爱民之心。

合江亭修缮之后,盛景重聚,梅花重开。每到冬日梅花含苞待放的时候,就会有专门的人来观察梅花,因为梅花开到一半的时候,是最美观的。此时,吕大防就会邀请游侠文人来赏梅聚会,就连普通老百姓也会来共赏美景。

然而好景不长,南宋时期的合江亭并没有繁荣多久。到了兵荒马乱的南宋末年,成都在蒙古军的铁蹄下变成一片废墟,合江亭又一次毁于战火硝烟之中。长满荒草的合江亭在经历了明朝和清朝以后,渐渐被人们淡忘,只在两江交汇处剩下了一小块不起眼的空地,其余地方都已被民房占据。

合江亭就这样被荒废了七百多年,直到1989年,成都市人民政府着手进行重建。

重建后的合江亭,像一个连体婴儿似的,由两个亭子拼接在一起,于是,就像开头说的那样,它有了两个屋顶、八个角、十根柱子。它建在高高的地基之上,两边有折返的楼梯,楼梯是用雪白的大理石做成的,雕刻十分精美。

左手边是它的正门,爬上阶梯后,可以看到一副对联:

> 政为梅花忆两京,海棠又满锦官城。
> 鸦藏高柳阴初密,马涉清江水未生。

有没有觉得很像一首诗?它就是一首七言诗,作者是南宋著名的爱国诗人陆游。陆游曾写过"王师北定中原日,家祭无忘告乃翁"等脍炙人口的诗句。而这首写合江亭诗的题目是《自合江亭涉江至赵园》,它是陆游居住在蜀地、四处游览时写的,除了这两联外,后面还有两联:

> 风掠春衫惊小冷,酒潮玉颊见微赪。
> 残年飘泊无时了,肠断楼头画角声。

整首诗颇有人事变迁、岁月流逝的无奈感,也抒发了陆游报国无门、壮志难酬的感怀。

咏诵完陆游的诗,感受着他的无奈,不经意间抬头，看到的便是一块写着"合江亭"三字的牌匾，以及雕刻精美的双层亭顶和飞檐。进入亭子内部远眺，可以看到府江和南江两条江水以及两岸的风光，树木郁郁葱葱，一片祥和安然的景象。

经过上千年的兴衰沉浮，合江亭沉淀着厚重的历史韵味，承载着王朝的更迭，注视着士大夫们的乐与哀，更重要的是，它蕴藏着丰富多彩的生活情态。如今的合江亭，与市民生活相互融合，是百姓生活富足、悠闲美好的写照，更是国家繁盛富强、前途光明的体现。

乐佳益

半山园——茅屋数间窗窈窕

园，是园林式建筑之一。这里要讲的园，不是供旅客游览与休憩的地方，而是私人的宅第。它常常呈方形，由墙阻隔内外，墙内参差分布着一间间屋子。园内种有各种各样的花草树木，建有砖石铺成的蜿蜒小路，往往还配上小池子或者水缸，既有防火灭火的用途，也可以作为装饰或养些小鱼等。

这种建筑颇受宋朝文人士大夫的喜爱，有简陋的，亦有豪华的，这与主人的身份地位、个人品性等因素相关。半山园是宋代遗存下来的极为典型并且著名的景观。

半山园通体呈黑白色，白墙与黑瓦相组合，一眼望去，给人一种干净纯粹的感觉。它整体呈长方形，对称分布着好几间小屋子，各有不同的功能，如书房、卧室、餐厅等。园内外布满植被，郁郁葱葱，给黑白的底色添上醒目的绿色，很是别致。这座园子的前方，矗立

着一座巨大的石雕像，是一位戴着官帽、长须飘飘的文人。他便是半山园的主人——一代名相王安石。

王安石是北宋有名的政治家、文学家与改革家，字介甫，抚州临川（今江西抚州）人，与苏轼一样，是"唐宋八大家"之一。他有着优秀的治国理事的能力，又写得一手好诗与好文章，有许多脍炙人口的名篇流传于世。

王安石号半山，这个号，便是来源于半山园。而半山园取名"半山"，则与它的地理位置有关。半山园位于今南京市玄武区中山门北白塘，北宋时，这里距江宁城东门七里，到钟山主峰也是七里，位于半道之上，于是被称为"半山"。以半山为号，可见王安石与半山园的关系之密切以及情感之深切。

王安石是江西人，他的住宅半山园为什么在江苏南京呢？这就和王安石本人的经历有关了。王安石从小就聪慧过人，又有远大的抱负和志向。庆历二年（1042），他考中进士，开启了他的做官生涯。熙宁二年（1069），当时的皇帝宋神宗任命王安石为参知政事（权力地位相当于副宰相），王安石提出了一系列变法图强的改革主张，受到宋神宗的肯定与赏识。熙宁三年（1070），他又担任同中书门下平章事（简称"同平章事"，地位权力相当于宰相）。王安石在全国范围内推行新法，开始大规模的改革运动，也就是大名鼎鼎的"王安石变法"，此时正是他人生的巅峰时期。

然而，王安石变法损害了当时许多官员的利益，遭到了朝廷中很多人的不满与反对，当然，在社会上也产生了一定的负面影响。于是，在批评声中，王安石在熙宁七年（1074）四月被罢免丞相，退出政治中心。心系政事的他不甘居于一隅，在韩琦等好友的助力下，重新回到了宰相的位置，即第二次拜相。熙宁九年（1076）十月，王安石第二次辞去宰相职务，来到南京做江宁府通判。这个时候的王安石已经五十六岁，在古代，已经是一位白发苍苍的老人了。这位老人来到江宁（今江苏南京）后，一直没去政府衙门上班，并且在第二年六月辞了职，为自己建造了这座半山园，选址于城东门到钟山之间，从此开启了他的晚年生活。

半山园在修建之前，是一片无人居住的荒地，并

夏圭《雪堂客话图》（局部），图中描绘了一间幽静的山村房舍

且地势低洼，积水很多。晚年的王安石，看惯了风起云涌的官场，觉得这样一处偏僻幽静的地方很适合居住，便克服种种困难，在这里修建了半山园，度过了他暮年的十多年时光。

或许是因为半山园独特的地理位置，在此居住期间，王安石诗文的风格产生了巨大的变化，从前期的写政治题材的诗转变为山水诗、咏物诗等，并且形成了自己独特的风格，这种风格被后人誉为"半山体"。当时有人称赞其为"与众颇异""渊源风雅，洗削浮华，可谓无邪者也"。这首《半山春晚即事》便是他写于半山园的代表作：

春风取花去，酬我以清阴。
翳翳陂路静，交交园屋深。
床敷每小息，杖屦或幽寻。
惟有北山鸟，经过遗好音。

整首诗描写了王安石宁静美好的生活环境以及退休归隐后的安逸舒适，生动形象地描写了暮春时节半山园内的种种佳景。最后两句话锋一转，在喜悦、安详的氛围中，透露出一丝淡淡的忧伤。这种忧伤，或许与他的政治失意相关吧。

半山园除了供王安石日常居住、文学创作外，还有很多其他用途，而最突出的一个，便是成为王安石交友的场所。在园内，王安石结交了许多情操高洁的朋友，著名的像书法家画家米芾、人物画高手李公麟、大文豪欧阳修和苏东坡等。

据说有一次，苏东坡坐船游览，路过江宁，王安石听说之后，骑着他钟爱的驴子，穿着粗糙的衣服到江边去迎接苏东坡。苏东坡也脱下帽子向王安石行礼问好，说："苏轼今天穿着粗布大衣来面见王丞相。"

王安石听了，笑着说："哈哈哈，礼仪又不是专门设置给我们的！"接着，两人就一起谈论佛学，吟诗作赋。王安石还邀请苏东坡一起攀爬游览钟山，两人各自写诗纪念这次爬山。这两位宋代大家，虽然在政治上有过恩怨纠缠，在文学上却是惺惺相惜的好友。

元丰七年（1084），王安石生了一场大病，当时的皇帝宋神宗派名医到江宁府给他看病。他康复以后，一方面感激皇恩浩荡，一方面对佛教心生敬意，于是上书请求皇帝把自己的住宅半山园改建为寺院，故半山园又叫半山寺。元祐元年（1086），王安石因病去世，享年六十六岁，获赠太傅，相传就葬于半山园。

半山园凝聚着王安石复杂的情感，变法失败的忧郁惆怅、远离朝堂之后的释然宁静、隐居生活的安逸愉悦等都蕴含其中。半山园记录着王安石的晚年生活，向世人介绍着这样一位充满传奇色彩的宋代名相，处处透露着王安石晚年简单朴素的生活方式与淡泊名利的心境。

乐佳益

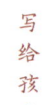

平山堂——传承千年的欧苏清风

堂，指的是高大的屋子，属于正房，在传统合院建筑中，堂是正面的房间，通常坐北朝南。堂可分为台阶、屋身、屋顶三个基本部分。据记载，宋代的堂是用柱梁等构件组成一个个横向的梁架，再用檩枋等构件将各个梁架连接而成。堂的建筑结构和形式的精美程度，与其主人的社会政治地位息息相关，也是宋代礼仪的象征。

宋代有名的堂有很多，其中平山堂以其独特的地理位置和传奇佳话脱颖而出，被称赞为"此堂壮丽为淮南第一"。

平山堂位于江苏省扬州市西北郊蜀冈中峰的大明寺内。它建于宋仁宗庆历八年（1048），是由当时任扬州知府的欧阳修所建。庆历年间，时代风起云涌，历史上赫赫有名的"庆历新政"便发生在这个时候。庆历新政的时代背景主要为北宋的"三冗"问题（即"冗官""冗

兵""冗费")愈发突出。"冗"是庞杂过多的意思,当时的皇帝宋仁宗希望通过精简官僚队伍、裁军、减少军队开支等发动一项政治任务,而欧阳修正是主导人之一。

欧阳修是北宋著名的政治家和文学家,诗、词、文章甚至编写史书等样样精通,为"唐宋八大家"之一。庆历新政失败后,欧阳修被贬为滁州太守,两年后,他来到扬州。相传他在做扬州知府的时候,在扬州府西北五里的蜀冈上游玩,觉得这个地方非常清幽宁静、古雅朴素,便下令在这里建了一座堂。坐在堂上可以看到江南地区的许多山,这些山好像和堂在同一个水平线上,于是它被命名为"平山堂"。

平山堂整体高大雄伟,门外有一个大木棚,上面爬满了郁郁葱葱的藤蔓,走进去的时候可以感受到阵阵凉意。敞厅的前面也有许多古老的藤蔓,还种着不少肥美的芭蕉,更添清凉的惬意感。走入敞厅,便看到高高悬挂着的写有"平山堂"三个大字的匾额,这是清代同治年间的方浚颐所题。匾额两侧悬挂着一副对联,上面写道:"晓起凭栏六代青山都到眼,晚来对酒二分明月正当头。"现存的平山堂是经过后代重建的。在宋代，平山堂可谓是文人士大夫们吟诗作赋的极佳场所。

平山堂除了风景独特之外，还承载着一段友情与一段师生情。

宋仁宗至和三年（1056），欧阳修的好友刘敞（字仲原）出任扬州知州，当时在开封府做官的欧阳修举办宴会送刘敞，还写了一首非常著名的词，名叫《朝中措·送刘仲原甫出守维扬》。欧阳修借送别友人的机会，回忆起自己几年前在扬州所建的平山堂，"平山阑槛倚晴空，山色有无中"是对平山堂美景的精巧描绘。欧阳修在词中抒发了光阴易逝、人生苦短的感慨，那份对友人推心置腹的真挚感情与对人生岁月的思考，耐人寻味。

至于师生情，则是和大文豪苏轼有关。苏轼是欧阳修的学生，从小就崇拜欧阳修的文采，长大后他考取进士，如愿以偿成为了欧阳修的弟子。这两位相差三十多岁的师徒，关系亦师亦友。苏轼曾经在扬州做过官，也曾多次路过扬州。宋神宗元丰二年（1079）

四月，苏轼调离徐州（今江苏徐州），出任湖州（今浙江湖州）知州，这是他第三次经过扬州，此时恩师欧阳修已经去世。苏轼路过扬州的时候，得到了当时扬州知州的款待。在平山堂下，苏轼看到了欧阳修手写的字迹，回忆起多年前与老师在颍州（今安徽阜阳）的会面，百感交集，写下了一首词，就是大名鼎鼎的《西江月·平山堂》。词云：

> 三过平山堂下，半生弹指声中。十年不见老仙翁，壁上龙蛇飞动。
>
> 欲吊文章太守，仍歌杨柳春风。休言万事转头空，未转头时皆梦。

苏轼写这首词的时候已经四十四岁了，他不见欧阳修也有近十年，如今只剩下平山堂壁上的欧阳修的亲书手迹可凭吊。整首词表达了苏轼在扬州平山堂对恩师欧阳修的缅怀之情，也蕴含了苏轼对人生如梦的感叹。最后两句成为传唱千古的名句。

不幸的是，平山堂在元代曾一度荒废，因为它的风格不受元朝统治者喜欢。明代万历年间，平山堂得以重新修补。清代咸丰年间，平山堂在战争中遭毁坏，之后又重建于清代同治九年（1870）。如今的平山堂，在扬州市委、市政府、市纪委的支持下，成为了一处清风廉政教育基地。当然，这也与欧阳修、苏轼等人有关。

据记载，欧阳修、苏轼在扬州做官期间，政治清明，百姓安居乐业。欧阳修、苏轼先后知守扬州，被誉为"文章太守",被赞为"贤守清风",廉政教育基地的建设也正是延续了这样一种欧苏清风。

作为文章太守、文坛领袖,欧阳修挥毫万字,是为了文以载道,辅君济民。这种高风亮节,使"国有蓍龟,斯文有传,学者有师"(苏轼《祭欧阳文忠公文》),就像平山堂前的杨柳春风,化育士林,给后人带来温暖和力量。

乐佳益

昼锦堂——三朝宰相的安居之所

在宋朝的诸多堂舍中,昼锦堂是小有名气的一处。它位于河南安阳古城内东南营街,而它的主人,正是宋代三朝宰相——韩琦。

宋仁宗至和年间,韩琦以武康军节度使的身份治理相州(今河南安阳)。他感觉州署富丽堂皇,但州署花园面积太小,于是向北、向东扩建,建成南北两园。北园为康乐园,取"思康与民同乐"之意,南园为州署后院,主要为州署官员服务,两园统称"郡园"。韩琦还在郡园东北修建大堂,命名为"昼锦堂"。据史料记载,昼锦堂门楼美艳精巧,大殿则是绿色琉璃瓦顶,飞檐斗拱,天马、狮、凤、龙等兽立于垂脊之端。一条鹅卵石铺衬的甬道直通大殿后的忘机楼,甬道分别铺出拐杖、笏板、笛子、葫芦、花篮和长剑等图案,以喻暗八仙。

昼锦堂后便是忘机楼,它的东边是狎鸥

亭，西边是观鱼轩，中间有鱼池康乐园，后面为藏书楼。狎是戏弄的意思，鸥是一种水鸟，顾名思义，想必韩琦当年曾在狎鸥亭中戏弄水鸟。观鱼轩内有一口大池子，可以想象韩琦在其中养了不少色彩鲜艳的鱼来观赏。鱼池康乐园是由假山、树木构成的仿真观赏建筑，而藏书楼则是韩琦看书以及收藏书籍的地方，格外秀丽优雅。

如今，昼锦堂中有两处独特的景点：商王庙和昼锦堂记碑。

商王庙坐落在昼锦堂的西边。安阳是商代都城的所在地，现存的商王庙规模不大，殿内供奉着一幅商王画像。

昼锦堂中号称"三绝"的昼锦堂记碑，高两米多，刻于北宋治平二年（1065）。这块碑是由北宋大文学家、政治家欧阳修负责写文稿，由大书法家、"一代绝手"蔡襄写成书法，内容记述三朝名相韩琦的事迹。可惜的是，原碑在战火中被毁，现存的石碑是后人重刻的。碑中记载韩琦"至于临大事，决大议，垂绅正笏，不动声色，而措天下事于泰山之安，可谓社稷之臣矣"，夸赞韩琦处变不惊，临危不乱，正义凛然，功绩斐然。

关于这块碑还有许多有趣的传说，传说欧阳修用新稿换回旧稿，韩琦读了好几遍，只在文章开头二句加了两个"而"字，这件事被传为文章修改的佳话。

《相州昼锦堂记》也是蔡襄大字楷书的代表作。蔡襄是北宋知名的大书法家，与苏轼、黄庭坚、米芾并称为"宋四家"。蔡襄在创作的过程中，为了表示对当时宰相韩琦的尊重与敬意，用心地将每个字都单独写了几十遍，选取每个字写得最好的，然后将所有最好的字拼合，于是昼锦堂记碑也被叫作"百衲碑"。碑文的拓片，还曾经赴日本展出，备受中外学者青睐。

说起韩琦，他是北宋著名的政治家、词人。宋仁宗天圣五年（1027），他考中进士，历任朝廷重要职位。韩琦为人善良，体恤百姓，曾经奉命救济四川受饥饿之苦的百姓。在军事上，他擅于治军打仗，宋朝与西夏爆发战争后，他与范仲淹率军防御西夏，在军中很有声望，当时被人合称为"韩范"。在政治上，他也有所建树，与范仲淹、富弼等人主持庆历新政，并在仁宗末年成为了宰相，经英宗至神宗，执政三朝。宋神宗即位后，他坚决请辞，衣锦还乡，被封魏国公的爵位。

韩琦的政治地位十分突出，不过他内心始终惦念着自己的家乡。他晚年回乡任相州（今河南安阳）知州时，在州府后院修建了一座堂舍，并根据"富贵不归故乡，如衣锦夜行"（《汉书·项籍传》）之句，反用其意为堂舍命名，这就是本篇所讲的昼锦堂。韩琦还写了一首五言古诗《昼锦堂》，诗中有名句"古人之富贵，贵归本郡县。譬若衣锦游，白昼自光绚"，表达了他对故乡的热爱、对人生的感慨以及对归隐闲适生活的向往。

韩琦去世后，为了纪念他，昼锦堂内还新增了一座建筑——韩王庙。韩王庙在商王庙的西侧，之所以叫韩王,是因为韩琦去世之后,被宋徽宗封为魏郡王。韩王庙的建筑年代没有记载,只知在元朝大德二年(1298)曾重修。现存大门、大殿和左右配殿,沿边都是琉璃瓦,中心也用琉璃点缀,整体显得庄重典雅。

欧阳修在《昼锦堂记》中记录了韩琦对于功成名就的看法:"其言以快恩仇、矜名誉为可薄,盖不以昔人所夸者为荣,而以为戒。"意思是说韩琦从不沽名钓誉,不把前人的夸耀作为荣誉,反而将它作为鉴戒。欧阳修并不吝惜对韩琦的赞美,称赞他把天下国家置放得如泰山般安稳,可以称得上是国家重臣。

有趣的是,关于昼锦堂,后世还有一幅画作。在欧阳修写成《昼锦堂记》的几百年后,明代大书法家、

画家董其昌参考欧阳修的《昼锦堂记》，创作了一幅《昼锦堂图》，还题写上了《昼锦堂记》。它是一幅画在绢帛上的彩色作品，整幅画颜色鲜艳，布局精妙，深受清朝乾隆皇帝和嘉庆皇帝的喜欢。

　　昼锦堂凝聚着韩琦的精神品格和高尚情操，它体现了韩琦这位国家重臣的拳拳爱国忠心，也传达着其对家乡的热爱以及感恩之情。

乐佳益

宝晋斋——书画收藏家的精神家园

斋,在古代是一种房子。古人一般将书房与斋等同起来,于是就有了"书斋"的称谓。至于屋、居、轩、庵等,在读书人笔下也大多是这个意思。

斋本无固定的形制,有的简朴,有的豪华。一间四壁有顶的漏风房间可以叫斋,而装修得富丽堂皇、有画壁重檐和回廊明间的也可以叫斋。只是两者差别悬殊,完全不可一并而语。

不过,不管形制大小如何,斋都寄托了宋人的精神追求,容纳着宋人的心灵世界,因此斋又往往和雅号、爱好分不开。这一篇主要介绍米芾的宝晋斋。

宋人重视文治,极喜收藏,传为风气。北宋著名书法家、画家米芾,更是为了网罗观摩前人书画名作而痴狂。他尤其推崇魏晋书法,认为其中别有古韵。宝晋斋就是他在凑齐晋人

王羲之的《王略帖》、谢安的《八月五日帖》和王献之的《十二月割帖》，以及顾恺之的《净名天女》、戴逵的《观音》等珍贵藏品后欣喜若狂而为书斋起的名字。"宝"者，自然有视若珍宝的意思。

说起米芾得到这些名作的过程，也是十分有趣。《十二月割帖》是王献之的书法作品，当时它和王羲之的《快雪时晴帖》连在一起，本为苏易简所有，后由僧人守一保管收藏，之后苏家又和守一重新换回该帖。元丰七年（1084），米芾拿着书画古玩向苏易简的曾孙，也就是苏舜钦之子苏激，换回了分割开来的《十二月割帖》。几经流转，《十二月割帖》才来到了米芾手中。

崇宁二年（1103），米芾拿到了王羲之的《王略帖》。《王略帖》同样几经流转，根据《书史》的说法，这幅帖子原本收藏在苏之纯家里。后苏之纯去世，米芾当时人在外地，这幅作品被赵仲爰捷足先登了。不过，赵仲爰倒也颇有风度，同意在米芾付出相应价钱后让出墨宝。米芾自然不能容忍自己错失这么一幅墨宝，于是他咬着牙，典当了自己的衣物，加价买回了《王略帖》。

而与倾囊购得《王略帖》不同的是，米芾拿《八月五日帖》可谓是煞费苦心，丝毫不顾及"名人风范"。元祐二年（1087），米芾去李玮家中做客。文人聚会，讲究风雅，主人家便拿出自己收藏的东晋书帖来给众人看，其中就有谢安的《八月五日帖》。米芾一看，眼睛仿佛就黏在那书帖上了，又是"语惊四座"，又是"倾箧以换"，苦求不得，郁闷得"呕血目眩"。谁知柳暗花明，这帖子到了蔡京的手上。建中靖国元年（1101），米芾与它久别重逢，当即作势跳江，在几般"威胁"之下，蔡京只好把这帖子给了米芾。也有记载说米芾是以跳江相威胁，从蔡攸那里要来了《八月五日帖》。这或许是误记，但充分证明了米芾的这一行为，即便在那个"收藏发烧友"盛行的时代，也不能不算一场轰动劲爆的大新闻。

那么，这样一个嗜书画如命的收藏爱好者，具体是在什么时候建立宝晋斋的呢？米芾到底不是真正的闲人，他曾官至礼部员外郎。崇宁三年（1104）到崇宁五年（1106），米芾任无为军知州。那时，米芾已经五十几岁了，白发苍苍，精力大不如前，加之儿女病故，老妻卧床，难免无心政事，常常以书画自娱，宝晋斋就是这个时候建起来的。

据说除了一间书房，米芾还在堂前挖池建亭，挥毫泼墨，好不自在。米芾的"无为之治"竟然收效不错，人们不仅觉得他振兴了当地文风，而且行政简易，与民无扰，于是颂声一片。当地人对他深为感念，还在他的旧居上建了个米公祠。

在无为军任上短短的两年半里，要说米芾能在政务上做出什么惊天动地的大事也着实困难。不过，米芾另辟蹊径，因宝晋斋而影响后世。宝晋斋因收藏了谢安、王羲之、王献之三位晋代名流的书法真迹而得名。米芾收藏字画，是真懂欣赏、懂品味、懂妙处，拿到《王略帖》《八月五日帖》和《十二月割帖》等字帖后，他立刻将之复刻于石，公之于众，任人临摹学习，这就形成了《宝晋斋法帖》。之后，原石遭火损毁，葛祐之（1118年进士）任无为军军守时，据"火前善本"重新摹刻，复刻再版使得这些珍贵的书法名作得以穿越时光长河而流传后世。当然，当时的米芾也许未曾想那么多，又或者，单是他自己从这些字帖中所获得的就已经足够多了。他为自己所收藏的那些笔墨所倾倒，写跋写史，反复临摹。后世再谈及宋人书法，米芾不可不位列其中。

米芾不仅仅嗜好收藏字帖，他的藏品中，另一大宗是各色的砚石。后世也流传着这样一个小故事，米芾去无为军那里上任，见到一块奇石，附近百姓敬畏神灵，都不敢动它。米芾不惜代价派人把它搬到自己的住处，摆好供桌，手持笏板向之拜祭，口称"石丈"。后人也因此称他为"米痴"。

另一件事则与苏轼有关。当年苏轼由海南岛返回江南，途中转程江苏拜访米芾，米芾高兴之余，便拿着《八月五日帖》请他题跋，苏轼则拿走了被他称为"人间第一品"的紫金砚。后来，苏轼死于常州，其后人本意欲遵遗嘱，将这台紫金砚随葬。米芾得知消息后大惊失色，连忙来信劝止，这就是后来著名的《紫金研帖》：

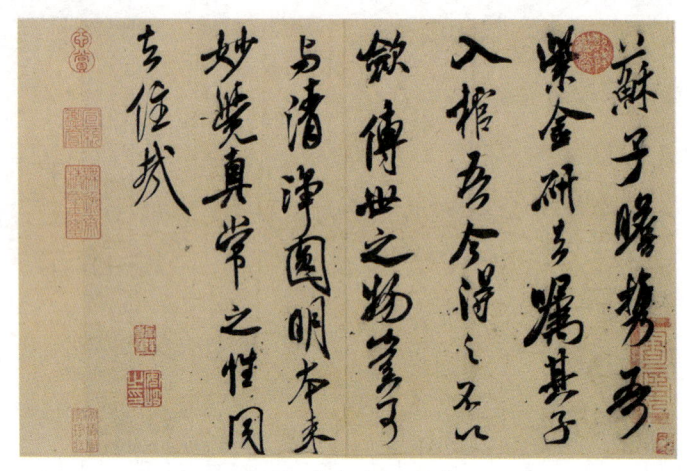

米芾《紫金研帖》

苏子瞻携吾紫金研去，嘱其子入棺。吾今得之，不以敛。传世之物，岂可与清净圆明本来妙觉真常之性同去住哉？

这就是米芾和他的宝晋斋。一位痴狂的书画收藏家，一间容纳着他精神世界的书斋，反映了宋人典雅敦厚的文人情趣，书写了宋人如痴如狂的风雅传奇。

曾亦嘉

松风阁——一诗一墨一山水

1100年，北宋第八个皇帝宋徽宗即位，被贬官巴蜀已久的黄庭坚终于得到起用。他被任命为监鄂州税，从遥远的西南之地踏上返回中原的旅途。

黄庭坚是北宋著名的文学家、书法家，洪州分宁（今江西修水）人，出身于书香世家，祖父和父亲均为进士。他自幼聪颖过人，读书数遍就能背诵。治平四年（1067），黄庭坚第二次参加科举，高中进士，开启了仕途生涯。宋哲宗时期，他担任校书郎，负责编纂《神宗实录》，之后被提拔为提点明道宫兼国史编修官，后来因编写《神宗实录》被章惇、蔡卞等人诬陷，贬官至今四川、重庆一带。黄庭坚深受老师兼挚友苏轼的影响，为人乐观豁达。官闲无事，他就在当地开设学堂教书，写诗词，练书法，与友人探讨文学、游山玩水。

北宋徽宗崇宁元年（1102）九月，秋高气

爽，凉风习习，黄庭坚和一群好友结伴同游，登上湖北鄂州的西山。西山古称樊山，因为在吴王古都武昌的西边，所以称西山。山中留存着许多历史遗迹，如吴王避暑宫、武昌楼、灵泉寺等。

当晚，一行人留宿在山中灵泉寺边的一座亭阁内。这座亭阁十分奇特，雕梁画栋，设计异常精美。亭阁位于整座山的高处，依山势而建，地理位置优越。低头远眺，可见山下一马平川与江流奔腾，抬头仰望，可见满天星斗，四周则是百年松树环抱，郁郁参天。此情此景之下，黄庭坚心旷神怡，他想，既然这个建筑没有名字，那就称它为"松风阁"吧！

是夜，晚风吹拂，激起阵阵松涛声，就像女娲弹奏出的美妙仙音。这大自然的天籁之音，仿佛能涤净心灵。阁内宴席正酣，黄庭坚和好友们推杯换盏，气氛融洽，不醉不休。这时突然下起了大雨，雨滴从屋檐滴落敲打栏杆的声响一直持续到天亮，一群人躺在僧毡上，听着滴滴答答的雨声就此过夜。渐渐地雨停了，潺潺的泉水声又隐隐约约地传来，远方日出的微光慢慢掀开夜幕，显露出连绵的群山与奔流的江河。

清晨的空气微微带着冷冽，经过了一夜，大家早已饥肠辘辘，便动身下山找些东西来吃。此时望见一条小溪边袅袅升起的炊烟，他们欣喜地向前走去……

在一片欢乐的氛围之中，黄庭坚陡然想起一年前去世的苏轼，阵阵怅惘涌上心头。所幸，苏轼教会他的一大人生哲理，便是要寄情山水之间，超然世俗之外，即乐观生活。在这能听松涛入眠的松风阁中，便能忘却尘世的烦恼；在美景中与朋友游山玩水，便能摆脱一切痛苦的束缚。

古人也会写游记，愉快的出游经历总会激发文人写出惊艳后世的作品，如"天下第一行书"《兰亭集序》便是王羲之以文会友，随即畅叙幽情，泼墨而写。松风阁一夜，令黄庭坚念念不忘，于是，他将那晚所见所思化为文字，挥手写就《武昌松风阁》诗一首：

依山筑阁见平川，夜阑箕斗插屋椽。
我来名之意适然。
老松魁梧数百年，斧斤所赦今参天。
风鸣娲皇五十弦，洗耳不须菩萨泉。
嘉二三子甚好贤，力贫买酒醉此筵。
夜雨鸣廊到晓悬，相看不归卧僧毡。
泉枯石燥复潺湲，山川光辉为我妍。
野僧早饥不能馣，晓见寒溪有炊烟。
东坡道人已沉泉，张侯何时到眼前。
钓台惊涛可昼眠，怡亭看篆蛟龙缠。
安得此身脱拘挛，舟载诸友长周旋。

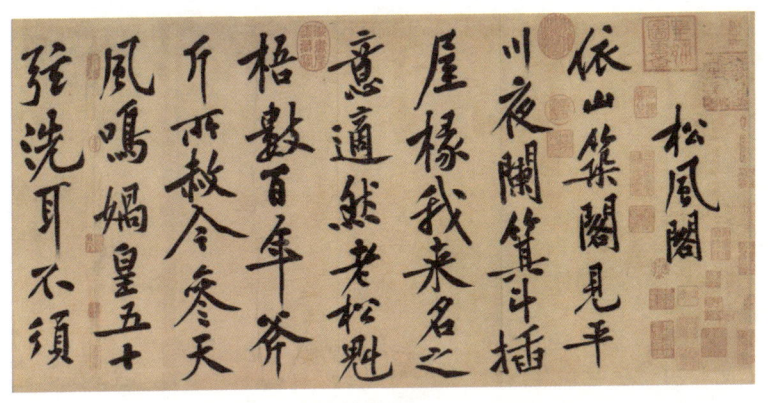

黄庭坚《松风阁诗帖》(局部)

　　这首诗的墨宝即《松风阁诗帖》，和《兰亭集序》一样，成为了著名的书法作品，被誉为"天下第九行书"。黄庭坚自幼喜爱书法，尤其喜欢王羲之的《兰亭集序》，师从苏轼期间，他也深受苏轼书法风格的影响。这些"偶像"的书法特点，都能从他的书法作品中看出几分。

　　《松风阁诗帖》的字多长波大撇，笔画提顿起伏，一波三折，传达出书写时笔锋的力量感，松风阁给黄庭坚带来的震撼，都寓于笔墨之中了。透过他遒劲的笔力，我们似乎还能听到阵阵松涛。

　　经松风阁一游，黄庭坚继续踏上旅途。崇宁二年

（1103），黄庭坚因"谤国之罪"被贬到宜州（今广西宜山）。过了三年，他又被派去永州（今湖南永州），他没有得到诏令的消息，后病逝于宜州。

　　黄庭坚的一诗一墨，让松风阁名扬天下。后世松风阁几度废弃和重建，《松风阁诗帖》也在历史长河中几经辗转。南宋时期，权倾朝野的贾似道就曾收藏过这份墨宝，后来它流入了清朝皇宫。如今，《松风阁诗帖》收藏于中国台北故宫博物院，如果有机会，一定要去近距离欣赏一下，通过笔墨去感受黄庭坚的精神世界。

刘子韵

快阁——赣江之畔的千年古阁

江西省吉安市泰和城区的泰和中学内，有座拥有一千一百多年历史的建筑，名为快阁。它始建于唐僖宗乾符元年（874），最初是为了供奉观音大士而修建的，原名慈氏阁。北宋初年，一个名叫沈遵的人在泰和县当县令。在他的治理下，百姓安居乐业。沈遵常常登阁远眺，所见美景让他喜不自胜，于是将慈氏阁改名为快阁。

真正使快阁名扬天下的，是著名文学家、书法家，与张耒、晁补之、秦观合称"苏门四学士"的黄庭坚。宋神宗元丰三年（1080），黄庭坚赴太和县（今江西泰和）担任知县。此时三十六岁的黄庭坚显示出非凡的政治才干，在当地实行轻徭薄赋的政策，力求减轻百姓的生活负担，受到百姓的拥戴。经过黄庭坚几年的励精图治，太和县呈现一片欣欣向荣之象。为了铭记这位百姓的父母官，直到现在，泰

和县的很多地名、道路、学校都以黄庭坚的号"山谷"来命名，如"山谷路""山谷中学"等。

闲暇之时，黄庭坚会登上快阁，将美景尽收眼底，这一点似乎与过去的沈遵心意相通。元丰五年（1082），一个晴朗的日子，处理完政事的黄庭坚再一次登楼，在良辰美景中诗兴大发，当即赋诗一首，这就是脍炙人口的《登快阁》：

> 痴儿了却公家事，快阁东西倚晚晴。
> 落木千山天远大，澄江一道月分明。
> 朱弦已为佳人绝，青眼聊因美酒横。
> 万里归船弄长笛，此心吾与白鸥盟。

诗歌开头，黄庭坚用"痴儿"以自谦，意思是说自己并非大器。他办完了政务，在落日余晖中登上快阁，极目远眺。他望见远方连绵的群山，山上的树木落叶殆尽，更显得天地邈远。奔流的赣江如明镜般澄澈，清晰地映照出月亮，宛若一道白练，不息地流向远方。

接着他化用俞伯牙与钟子期、阮籍等人的典故，抒发知音难觅、孤寂无聊的喟叹。"朱弦已为佳人绝"句为伯牙、子期的典故，俞伯牙善于演奏，钟子期是俞伯牙的知音，钟子期死后，俞伯牙破琴绝弦终身不再弹琴。"青眼聊因美酒横"为阮籍的典故，阮籍是魏晋时期的一位诗人，恃才傲物，性格放旷不羁，见到自己看不上的俗人，就对他翻白眼表示轻蔑，遇到敬重的人，就以青眼（黑色的眼珠在眼眶中间）正视他，表达敬重与喜爱。

在诗歌的最后，黄庭坚感慨着壮志难酬，不如找一艘小船顺流回家，在船上吹着笛子，与白鸥为伴，也是逍遥自在啊！

这首意象寥廓、情感真挚的小诗捧红了快阁，各朝各代的士人追寻黄庭坚的足迹而来，登高吟咏，留下了众多诗词。有史料记载道："迨黄太史庭坚继至，赋诗其上，而名闻天下。"意思是自从黄庭坚在这里当过官，在阁上赋诗，快阁因此名闻天下。南宋的陆游、文天祥、杨万里，元代的刘鹗，明代的王直、罗钦顺，清代的高咏等名士，都曾为快阁写下作品。

在与快阁相关的众多故事中,有一个故事荡气回肠、令人动容,故事的主角便是南宋末年的爱国将领文天祥。

1278年,元世祖忽必烈正在对南宋发动进攻。偏安一隅的南宋王朝早已耗尽气运,元军攻破实质上的首都临安(今浙江杭州),宋恭帝奉上传国玉玺和降表向元臣服,南宋政权已然灭亡。然而,抵抗并未停止,南宋的宰相文天祥率领南宋残部顽强战斗。面对强大的元军,小小的南宋残部如蚍蜉撼树。

文天祥在广东兵败被俘,元人没有杀掉这个"叛军"首领,而是押解他返回元大都(今北京)。在坐船走水路北上途中,文天祥看到了快阁。象征政通人和的快阁代表着宋朝往昔的辉煌,楼阁尚在,世间却物是人非,见此情此景,文天祥不禁潸然泪下,作《囚经泰和仰望快阁感赋》:

书生曾拥碧油幢，耻与群儿共竖降。
汉节几回登快阁，楚囚今度过澄江。
丹心不改君臣谊，清泪难忘父母邦。
惟有乡人知我瘦，下帷绝粒坐蓬窗。

面对忽必烈的威逼利诱，文天祥宁死不降。忽必烈多次召见文天祥，承诺会答应他的一切要求，文天祥却回答："天祥受宋恩，为宰相，安事二姓？愿赐之一死足矣。"被俘期间，他写下了著名的《过零丁洋》，用"人生自古谁无死，留取丹心照汗青"来表明志向。文天祥最终慷慨就义，临刑前，他朝着故国的方向跪拜，随后英勇赴死，终年四十七岁。

《囚经泰和仰望快阁感赋》将文天祥忠心爱国、誓死不屈的凛然气节凸显得淋漓尽致，这首诗也成为黄庭坚《登快阁》后的名篇。

快阁在漫长的历史中多次损毁和重修。明朝万历十六年（1588），快阁被洪水冲毁，三年后修复；清朝嘉庆十八年（1813）、道光四年（1824）也分别进行过修缮；清朝咸丰三年（1853）它毁于战乱，两年后重建；最近一次损毁于1973年的龙卷风。1986年，国家决定在快阁原址上仿原快阁样式修建新阁。2009年再次修整，变成了我们现在看到的模样。

新阁占地四百多平方米，高二十余米，整体为朱红色，历史气息浓厚。阁身共三层，保留了每层如飞鸟展翅般的飞檐翘角，四周有三米的回廊，门上石匾为沈遵手迹"快阁"，厅墙正面嵌有黄庭坚的石刻画像，画像下有黄庭坚自题像赞。照墙两侧有陆游手书"诗镜"碑和黄庭坚手书"御制戒石铭"碑。此外，还有涪园、盟鸥馆和山谷祠等附属建筑。

当游人登上快阁，俯瞰倒映着山川云影的赣江，或许就能感受到"落木千山天远大，澄江一道月分明"的气象。穿越一千多年的时光隧道，总有一刹那，我们会与古人心意相通。

刘子韵

天柱山房——文人墨客的庇护所

山房，从名字上来看，就是山中的房舍，进一步划分，还有山中的寺庙僧舍、山中的书室等，总而言之，位置都在山里，不论具体有什么用处，都可以统一称之为"山房"。这里要介绍的就是一个由僧舍演变而来的山房——天柱山房。

天柱山位于安徽省安庆市潜山西部，因为形状直入云霄，宛如擎天之柱，因此得名"天柱"。除此之外，它还有潜山、皖山、皖公山、万岁山、万山等别名。

和一些不起眼的小山不同，天柱山大有来头。早在西汉时期，汉武帝南巡来此，登上天柱山后赞叹不已，立马大手一挥将天柱山封为"南岳"，自此之后，天柱山开启了它的漫漫成名路。天柱山的美名越传越广，慕名而来的人也越来越多，山中的建筑随之增加，供游人休憩、住宿。其中一类特殊的游客在这里找到了

新的意义，决定留下来进一步修行，他们就是佛教徒和道教徒。

天柱山的宗教气息非常浓厚，佛教、道教都把它当成宝地。道教有洞天福地的说法，天柱山在其中占有一席之地，"第十四潜山洞，周回八十里，名曰天柱司玄天，在舒州怀宁县，仙人稷丘子治之"（杜光庭《洞天福地记》），表明天柱山是神仙居住的地方，也是道教修行的圣地。在佛教徒眼中，天柱山也是圣地，因为禅宗的二祖慧可、三祖僧璨、四祖道信都曾经在这里布道传教。

天柱山有名的道观有五岳祠、真源宫、天祚宫等，寺庙则有山谷寺（三祖寺）、天柱寺、佛光寺等。这样一个道士、僧侣的向往之地，在唐宋时期发展至巅峰，有"三千道人八百僧"的说法，吸引了大量的信徒前来朝拜。人一多，自然要扩建房舍，来满足越来越膨胀的住宿需求。各种山房僧舍像雨后春笋一样诞生了，天柱山房就是其中之一。

值得注意的是，很多读书人都有借宿寺庙的传统，这也是古代许多志怪小说的素材来源。大名鼎鼎的范仲淹年少时家里穷困，就是在附近长白山（位于今山东境内）山头的醴泉寺僧舍读书，也可以说是在长白山山房读书。书生为什么这么喜欢在山房读书呢？和我们现代人想要去山林里旅游、呼吸一下新鲜空气的心态不一样，古人在山房读书有着很现实的目的。山房作为寺庙的房产，是免费向书生开放的，并且有的还出于出家人的慈悲关怀会提供食物。有地方住，有

李成《晴峦萧寺图》（局部），画中寺院的主体是一座高耸的重檐顶六面楼阁式塔

东西吃，还不用自己掏钱，书生们当然果断地拎包入住，美滋滋地在这里看看书、写写诗。

到了南宋末年，天柱山有了更为特殊的意义。天柱山的地理位置险要，在军事上有着重要的作用，因此打仗时往往成为割据争战的要地。南宋景炎二年（1277），南宋与元军打得如火如荼，南宋义军首领刘源在天柱山扎营结寨，起兵抗元，他联合淮南西路安抚使张德兴等人，在前线多次战胜元兵。尽管最后因为叛徒出卖而导致起兵失败，但是刘源借助西关寨"一夫当关，万夫莫开"的奇险地位顽强抗击元兵多年，也一定程度上保护了周边的百姓。

南宋终究没有抵挡住元兵的铁骑，南宋朝廷轰然倒塌之后，留下一群读圣贤书的士人为逝去的宋朝悲伤、留恋。这时有这样一些人，在天柱山房写下诗词歌赋表达内心的苦闷和抑郁，天柱山房终于在历史上留下了浅浅的一笔。

在天柱山房产生的诗词中，有四首著名的《桂枝香·天柱山房拟赋蟹》，作者分别是吕同老、陈恕可、唐艺孙、唐珏四人。这四人在天柱山房眺望远山时，互相唱和，作赋蟹调，留下了数不尽的哀伤与凄楚。此时，天柱山房已经不再是王安石吟咏"水无心而宛转，山有色而环围。穷幽深而不尽，坐石上以忘归"（王安石《题皖山石牛古洞》）时悠然静谧的休憩之所了，而是一群国破家亡的南宋文人彼此舔舐伤口的地方，四处弥漫着国破家亡的悲伤。

在吕同老眼中，天柱山房外的一切景色都是灰色的，充满了秋天万物落幕的凄楚，"乱叶坠红，残浪收碧"，一副奄奄一息的末路之感。吕同老本人身世坎坷，哪怕是曾经游玩赏景的天柱山都无法抚平他的悲伤，只能在尚存的天柱山房中抒发愤慨与伤感。陈恕可也唉声叹气，写下了很有李煜《虞美人》味道的词句："西风故国。记乍兔内黄，归梦溪曲。"故国已经沦陷，悲伤如同流水一般无穷无尽，估计李煜本人也没有想到，宋朝灭了他的国家，在几百年之后也会有宋人发出同样的悲叹。而唐珏在天柱山房里一边吃着秋季肥美的蟹钳、蟹黄，一边唏嘘"西风有恨无肠断，恨东流、几番潮汐"。在天柱山房歇了一宿的唐艺孙也没有睡好，"秦宫梦到无肠断，望明河、月斜疏柳"，即使是梦中，唐艺孙也放不下一心愁苦，只能打开窗户遥遥远眺明月疏柳，唉声叹气，"年年相忆，看灯时候"，回忆过去歌舞升平的太平景象。

天柱山房和天柱山的其他著名景点相比，渺小而不起眼，但是对于八百年前的几个伤心人而言，它提供了一个暂时的庇护之所。他们彼此之间一起回忆过去、抨击现实，在雄伟的山峰和灵秀的山林中，诉说着国破家亡的悲情。

郁　秦

神光寺——勤学苦读的精神品格

广东省兴宁市的神光山风景秀丽，植被繁茂，历史韵味浓厚，无数文人墨客慕名来此留下他们的足迹。每年九月初九重阳节，这里的人们都会带着美酒登神光山，儿童们会在山上放风筝。除此之外，人们还会登上神光山，祭拜"石古大王"。作为当地居民心目中的"圣山"，神光山是他们的精神家园。

神光山下，有一座著名的神光寺。神光寺的历史可追溯到近一千年前，历经风雨变迁，寺内现存大雄宝殿、藏经阁、地藏殿、观音殿、祖师殿等建筑，寺中还有碑刻十四块。寺门上"神光寺"三个大字由泰国曼谷北柳龙福寺住持彰慈大师（石善光）所题，门边有对联"神山藏古寺，光影照尘寰"。神光寺的后方有一个祖师殿，是过去神光寺的原址所在，现今放置着神光寺历代祖师像。祖师殿右边的千年古榕，至今仍枝繁叶茂，郁郁葱葱，树干直径

达两米，据说当初始建寺庙时便已存在。祖师殿附近的古代石刻群，由三十多块石头组成，记录着历朝历代留下的珍贵资料。

很特别的是，寺中的大雄宝殿为泰国式荷花殿。二十世纪八十年代，经多地同胞共同捐资重修，古老的神光寺焕发新姿，兼具中式和泰式建筑风格。大雄宝殿正中的铜塑释迦牟尼佛，正是中泰两国人民友谊的见证。

神光寺始建于北宋嘉祐三年（1058），旧称寿庆寺，寺庙边的神光山本名南山。为什么最后改名为神光寺呢？这还要从罗孟郊"神光映读"的故事说起。

北宋元祐七年（1092），罗孟郊出生于广东循州府兴宁县。他很小的时候父亲就去世了，对母亲非常孝顺。他自幼聪明，非常喜爱读书，但因为家境贫寒，不得不一边在山坡上放牛，一边认真苦读。据说，某天他在读书的时候，一个跛脚老人路过向他问路，小罗孟郊礼貌地给老人指明方向，老人称赞道："你真是个懂礼的好孩子。"罗孟郊常常彻夜苦读，某天他发现灯油用尽了，没有灯油要怎么看书呢？正当他焦急之时,先前来问路的跛脚老人突然从门外进来,对他说:"要读书,就跟我来吧。"罗孟郊情不自禁地跟着老人,不知不觉来到了南山顶,发觉眼前豁然明亮,犹如白昼。这时老人缓缓开口道:"我是山上的石古大王,念你知礼好学,便用法术变出五色光环给你照明,助你夜晚读书。"于是,罗孟郊越发勤奋,每日到山顶借助神光读书。宋徽宗年间,罗孟郊进京参加科举考试,一举中了探花,授官谏议大夫、翰林院学士等。

据《正德兴宁县志》记载,罗孟郊不仅好读书而且苦练书法。神光寺边有一"墨池",据说就是因为罗孟郊常在池中洗砚,把池水染黑而得名。

进入官场后,罗孟郊刚正不阿,不与奸人同流合污,心系国家危亡。北宋末年,眼看着金兵的威胁越来越近,而蔡京权倾朝野,飞扬跋扈,闹得朝廷乌烟瘴气,此时罗孟郊耿直上书宋徽宗,历数蔡京等六人的罪状,受到人们的称赞。

南宋建立后,奸相秦桧力主与金朝和议,而罗孟郊坚决反对,联合一些大臣上书抗议,随后被贬官。他临走时,同僚们都流着泪送别,罗孟郊嘱咐他们说:

"事情已经这样了，还能怎么办呢？你们要努力报答国家，不必挂念我了！"贬官后，罗孟郊寄身山林，不再理会时政，直至去世。罗孟郊桑梓情浓，曾写下一首《京中怀归》，表达对家乡的思念之情，诗中有"故里桑榆晚，他乡雨雪霏。庭前停玉轸，目送雁南归"之句。

明朝成化十五年（1479），一个叫陈礼明的官员任兴宁县令，他见历经百年的寺院已经略显破败，又听说了当地人口耳相传的罗孟郊"神光映读"的传说，便改南山为神光山，改寿庆寺为神光寺，这就是寺庙名称的由来。

神光寺在明清时几经破坏和重修，直到1985年，政府启动了修葺神光寺的规划，古老的神光寺于是成为了我们今日看到的模样。今天，我们重新品读"神光映读"的故事，感受宋人勤学苦读的精神，也在神光寺中，看到了些许时代的印记。

刘子韵

定县开元寺塔——中华第一塔

塔一般是指多层且高耸的建筑。有一座塔，历史悠久，建筑形式别具一格，它就是被誉为"中华第一塔"的定县开元寺塔。定县开元寺塔位于河北省定州市，远远望去，十分惹人注目，吸引着远近的游人前来驻足。

当你走近站在塔下，便能感受到定县开元寺塔的雄伟。它高约八十四米，相当于三十层的大楼。这是一座八角形楼阁建筑，内外层衔接，整个塔身犹如大塔中又包着一层小塔，用砖石和木头建成，是中国砖木结构的最高塔，"中华第一塔"实至名归。

定县开元寺塔分塔基、塔身、塔刹三个部分。塔基类似建于地面的房屋地基，定县开元寺塔的塔基非常高。塔身为楼阁式建筑，共十一级，因为在佛教文化中，奇数代表"清白"，因此佛塔层数多为奇数。细心观察，你就会发现它每层的形状都是八角形，有朝四个

方向开的小门和小窗。塔身从下往上按比例缩小，构成漂亮的纺锤状。塔刹就是塔顶，是整座塔最显眼的标志。定县开元寺塔的塔刹由莲花、忍冬（金银花）花叶和顶部的铜宝瓶构成。

在定县开元寺塔中间，还有一个塔形结构的楼梯连通上下，内塔和外塔有回廊连接，起到"塔内藏塔"的效果，再用回廊环绕外塔，这样的设计的确是精妙绝伦。

定县开元寺塔因位于定州（今河北定州）的开元寺内而得名。"开元"是唐玄宗李隆基的年号，开元年间唐朝国力强盛，文化多元，佛教得以广泛传播，以"开元"命名的寺庙纷纷修建起来。与此同时，一些古老的寺庙也改名为"开元",这就是今天许多"开元寺"名称的由来。定州开元寺始建于南北朝的北魏,唐代改名为开元寺,不过最初的开元寺历经沧桑,早已毁于历史变迁。

1001年,正值北宋真宗咸平年间,为了供奉开元寺僧人从古印度取回的佛经和舍利子,宋真宗下令建造寺庙和塔。历时五十多年,开元寺塔得以建成。开元寺塔的建造可谓费工费时,为了修建砖木结构的塔身,光砖石的种类就有十几种。砖石之间用木制材料相连,相传当地流传着"砍尽嘉山木,修成定州塔"的民谚。消耗如此多的材料、花费如此长的时间,世人才得以见到这样雄伟精巧的建筑。

与大一统的唐朝不同的是,北宋不仅版图缩小了许多,周边还盘踞着两个实力相当的强敌——西北方的西夏和北方的辽朝。辽朝是少数民族建立的政权。916年,由契丹族领袖耶律阿保机创建,初名契丹,后改称为辽。到了第六个皇帝辽圣宗时，达到了鼎盛。

宋朝和辽朝因为领地问题一直存在军事冲突。宋王朝一心希望夺回失地"燕云十六州"（今北京和山西大同的一片区域），曾两度北伐，但均以失败告终。北宋景德元年（1004），辽圣宗和其母萧太后为解决长期以来的宋辽纷争，亲自率大军南下，入侵宋朝。

宋朝的第三个皇帝宋真宗不希望打仗，但在宰相寇准的坚持之下，无奈御驾亲征。两军交战的前线在澶州（今河南濮阳）。宋军听说皇帝前来督战，士气大振，奋勇杀敌，将辽军的前锋击退。宋军胜利后，宋真宗不愿继续作战，在战况对宋军有利的情况下与辽议和。1005年，双方订立和约，这就是历史上著名的"澶渊之盟"。

"澶渊之盟"约定，宋朝和辽朝为兄弟之国，不再互相打仗，宋朝每年都要向辽朝交纳"岁币"银十万两、绢二十万匹。宋朝通过支付"岁币"的代价，获得了来之不易的和平。"澶渊之盟"之后，宋朝和辽朝百年来再无爆发大的战争。

虽说"澶渊之盟"达成了大致和平的局面，但两国的边境地带仍会发生小的摩擦。定州位于河北,靠近宋朝北部边界,是军事要地,如果辽朝再度入侵,定州就是战略要地。华北平原地形开阔,一马平川,没有制高点,很难发现远处的敌人。因此,高大的定州开元寺塔就成了方圆百里唯一的高处。宋朝军队常常登上开元寺塔瞭望敌情,所以它又被称为"料敌塔"或"瞭敌塔"。

　　后来,宋朝瞭望的敌人辽朝,被女真人建立的金朝所灭。辽朝灭亡后,金朝发现北宋也是如此衰弱,于是乘胜入侵北宋,攻破北宋都城东京(今河南开封),带走了宋徽宗、宋钦宗和大部分宗室、嫔妃,宫殿里珍藏的宝物也被洗劫一空,北宋就此灭亡。岳飞的词《满江红》中的"靖康耻"就是指这段屈辱的历史。当时,宋徽宗的儿子赵构恰好被派出在外,得以躲过一劫。他随后在应天(今河南商丘)登基成为皇帝。在金军的进逼下,他一路南徙,最后逃到临安(今浙江杭州),建立了南宋。

　　定州落入金朝人手里,谁又能想到,几十年风云变幻,现在"瞭敌塔"瞭望的敌人被消灭了,曾经兴盛一时的王朝也灭亡了呢？只有孤零零的塔屹立在华北平原上，默默地注视着历史变迁。

清朝康熙年间，因雷电、地震等部分塔身被损坏，但经过几次修整它又恢复了原状。到了清朝光绪年间，塔身的东北面塌落。1986年，国家开始对定县开元寺塔进行维修。如今它已成为一个著名景点，也是定州的标志性建筑。开元寺塔集历史、艺术、科学价值于一体，成为中国古代建筑艺术的一个高点。

定县开元寺塔至今仍然稳稳地站在中华大地上，历经千年岁月的它，如慈祥的老人一般注视着来来往往的游客，讲述着过去的故事。

乐佳益

赵州陀罗尼经幢——佛教艺术的集大成者

什么是经幢呢？经幢是我国佛教石刻的一种，从唐代初期就开始有创作，后历经宋、元、明、清等朝代。石刻的流行与佛教信仰的传播有极大关系，在古代，石刻是佛教艺术中十分重要的一项内容。

幢，原来是中国古代在仪仗中会使用到的旌幡，是在竿子上加丝织物做成的，其实也就是一种旗帜。佛教传入中国之后，人们一开始会把佛经写在用丝织成的幢幡上，不过后来为了便于保存，尤其是在唐代中期佛教密宗传入的影响下，就把它们都刻在了石柱上。由于刻的内容主要是《陀罗尼经》，所以这些石柱又被称为"经幢"。

"陀罗尼"是梵语，为佛教用语，汉语的意思是"总持"，即能持集种种善法，是指能够全面掌握的意思。

当你漫步至河北石家庄赵县城内南大街

（石桥大街）与石塔路的交会处，眼前出现的是一座刻有《陀罗尼经》的花岗岩材质经幢。它就是北宋时期所建造的赵州陀罗尼经幢，原本也被叫作佛顶尊胜陀罗尼经幢，又因为雕琢叠砌而成的花岗岩石体从外表上看酷似塔状，因此也被当地人简称为"石塔"。

那么赵州陀罗尼经幢有多高呢？一般的经幢高度都在十米左右，而赵州陀罗尼经幢高十六米多，在人眼视觉里，它大约有五层楼的高度。事实上，它也是中国境内现存最高大的经幢。这座高大的经幢始建于北宋景祐五年（1038），整个工程由当时担任礼宾副使、赵州知州的王德成督办，并由赵州匠人何兴、李玉等人建造完成。

赵州陀罗尼经幢的建造缘由可以从它所刻的经文中寻找到答案。《陀罗尼经》有许多种，赵州陀罗尼经幢上所刻的是其中一种，名为《佛顶尊胜陀罗尼经》，是从梵文翻译过来的。

这经文有什么用呢？为什么古人要把它从梵文翻译成汉语，还要刻在石柱上呢？《佛顶尊胜陀罗尼经》

原本是佛教经典之一,在古代,人们无法排解生老病死所带来的折磨与痛苦,而《佛顶尊胜陀罗尼经》被相信具有祈福消灾的作用,于是就被用以消除灾祸、延年益寿。

  那么,这经文在说些什么呢?它的意思是,如果有人能够把这陀罗尼经文写在经幢、高山、高楼或高塔之上,经文就有机会映照在人的身上。许多佛教信徒为了攘灾延寿,便一起集资建造了这座刻有《佛顶尊胜陀罗尼经》的石质经幢。于是,才有了我们今天看到的赵州陀罗尼经幢。

经幢整体坐北朝南，主要由基座、幢体和幢顶宝珠这几个部分组成，为八棱多层形式，共七级。底部是正方形的台基，在汉白玉莲花石柱支撑的台基四周，刻有各种花卉、佛像及人间生活场景。幢体为八角形石柱，最下为宝山，刻有龙和宫殿，上面叠置三段满刻陀罗尼经文的八角形佛龛、蟠龙短柱和素面短柱等。整个经幢造型优美，给人以雄伟高大、宝相庄严之感。

让我们走近些，围绕着石塔仔细欣赏，方形台基上刻有莲花石柱、形象健美的金刚力士和"妇人掩门"雕像等。平面八角形须弥座被置于台基之上，须弥座上的仙山、宝塔、长廊与佛像等图案，令人目不暇接。幢身主体除了刻有堪称精品的篆书、楷书经文外，佛教人物、经变故事也是其精华所在。

以赵州陀罗尼经幢的基座为例，作为一个方形束腰式台基，尤为引人注目的是其束腰的东、西、南三面刻有"妇人掩门"图案。若是凑近端详，你便能看到一位貌美的妇人，手扶着门框，侧身站立在两扇半开半掩的门扉之间，似乎是在向外张望着什么。这一"妇人掩门"的形象，整体姿态灵动自然，栩栩如生，富有生活气息。实际上，这是宋代造型艺术特有的题材，表明了一种佛教与世俗混杂的现象，其背后是外来佛教逐渐中国化、世俗化的趋势，更是佛教仪式与中国的民族艺术、民间艺术相互渗透与影响的体现。

"妇人掩门"这一名称，最早出现于宿白先生的《白沙宋墓》一书。不单单是赵州陀罗尼经幢有，在宋元时期的墓室中，这样的女子也不鲜见：一手扶门，身体半掩于门后，目光正朝向你。

与"妇人掩门"相关的，还有一个有趣的小故事。据说，古时候赵州城里有一个薛家烧饼铺子，忽然有一天，烧饼铺子开始发生怪事，每日清早开门时，铺子里总是会少一些烧饼。薛掌柜心中暗自纳闷，怀疑是谁偷吃了烧饼。于是，一天夜里，他关门后并未马上入睡，而是躲在了暗处，希望抓住这偷吃烧饼的小贼。谁知三更天时，只听得"咕咚"一声，一位年轻的妇人披着朦胧月色悄悄进入店里，身姿袅娜娉婷，恰是偷吃烧饼之人。薛掌柜远远跟在女子身后，只见她离开铺子奔向经幢，一瞬间便无影无踪。薛掌柜细看才发现是怎么一回事——原来那经幢上有一"妇人掩面"的浮雕，那妇人与刚才消失的"偷饼贼"一模一样。

除了"妇人掩门"图案，赵州陀罗尼经幢上还刻画了许多栩栩如生的佛家故事。在第三节与第四节幢身之间，有一幅《太子游四门图》，相传是佛祖释迦牟尼出家前的故事。而第五节幢身上则是释迦牟尼修道成佛系列图案，雕刻精细，人物神态动作分外逼真。这些雕刻精美的浮雕，不仅是我们直接了解宋代佛教艺术的途径，更是我们探悉宋代社会生活的一扇窗户。

顾诗兰

金明池——宋人的高级游乐场所

金明池，顾名思义，就是一个大水池。这个池塘一来位置不普通，躺在北宋东京城顺天门外，多少有点在天子眼皮子底下晃悠的意思；二来地位不普通，先是鼎鼎有名的皇家园林，后成为东京城百姓的心头爱。那么，金明池是如何完成自己的"转型升级"的呢？

金明池的历史要追溯到五代时期，显德四年（957），为了征伐地处水乡的南唐，周世宗下令在开封外城西墙之西开凿一处人工湖，用于"内习水战"，他的目的是训练水军。

后来，宋继承了后周的遗产，不过那时这个水池还不叫金明池，面积也比较小，宋朝皇帝只把它当训练场用，并没有对它加以改造。太平兴国元年（976），宋太宗开始组织大规模深挖，并于其上修建园林。太平兴国三年（978），池塘竣工，因为池水是从金水河引进的，宋太宗便正式将其命名为"金明池"，而

供人观看水战的台榭也初步形成了。

北宋初期，随着烽火与硝烟渐渐散去，朝廷越来越不需要再举行军事演练，于是金明池摇身一变，成为一个专门举办水上大型表演的地方。当时有名的赛船会更是令金明池名声大噪。皇家特供，自然不同凡响。在宋哲宗之时，一艘巨型龙舟被建造出来，雕楼玉宇，奢华侈丽，以至于工匠甚至不得不在船底压了几万千克的铁饼，才保证那船不会因为"头重脚轻"而倾覆。后来，为了收容船只，宋神宗还特意下令在金明池兴修了一座可供修缮和停泊的船坞——大澳。

等到那位极富艺术家气息的皇帝宋徽宗登场，金明池内再次兴建殿宇，并增加了绿化。金明池自此进入鼎盛时期，成为汴京胜地，四大御苑之一。

那么，这个金明池到底长什么样呢？金明池的主体是一片宽广的水域，大致呈长方形。后起的亭台楼阁多分布在南北两岸，比如位于水池东南角的临水殿和东北角的水榭。有一条建筑的中轴线一直延伸到湖心，那就是从南端的宝津楼起，连棂星门、彩楼、骆驼虹一直到水心殿。以这条中轴线为界，金明池可以大致分成东西两块。

虽然金明池看起来布局简单，但其中却处处有讲究。在众多楼宇中，要数宝津楼最高，人站在上面可以俯瞰全场。顺着中轴线一路往下，高度逐层降低，视角也渐渐变为近观。再往下，棂星门后的两座彩楼相映成趣。骆驼虹则是一座"仙桥"，举世无双。为什么叫骆驼虹呢？原来全桥总共有两道拱形，每个拱又靠其下的雁柱在中央高高隆起，宛如驼峰；桥的栏杆则用朱漆涂抹，远远望见，鲜亮异常，酷似明虹。

人若踏桥深入湖心，便到了水心殿，五间大殿一字排开，上下两层，各设回廊。到了要观赏演练或节目的时候，大殿就会放上龙床屏风，供皇帝悠闲地吹风看戏。若是再向北遥望对面，就可以看到此前提到过的大澳了。比赛的时候，龙舟要从那里启航。当然，皇帝也不是只有这一个地方可以去，宝津楼再往南还有宴殿和射殿，是用来举办宴会或张弓游戏的。临水殿和水榭也有露台，可供观景。

正所谓"独乐乐不如众乐乐"，北宋不愧是一个相对"亲民"的朝代。根据《东京梦华录》记载，每年

骆驼虹　水心五殿

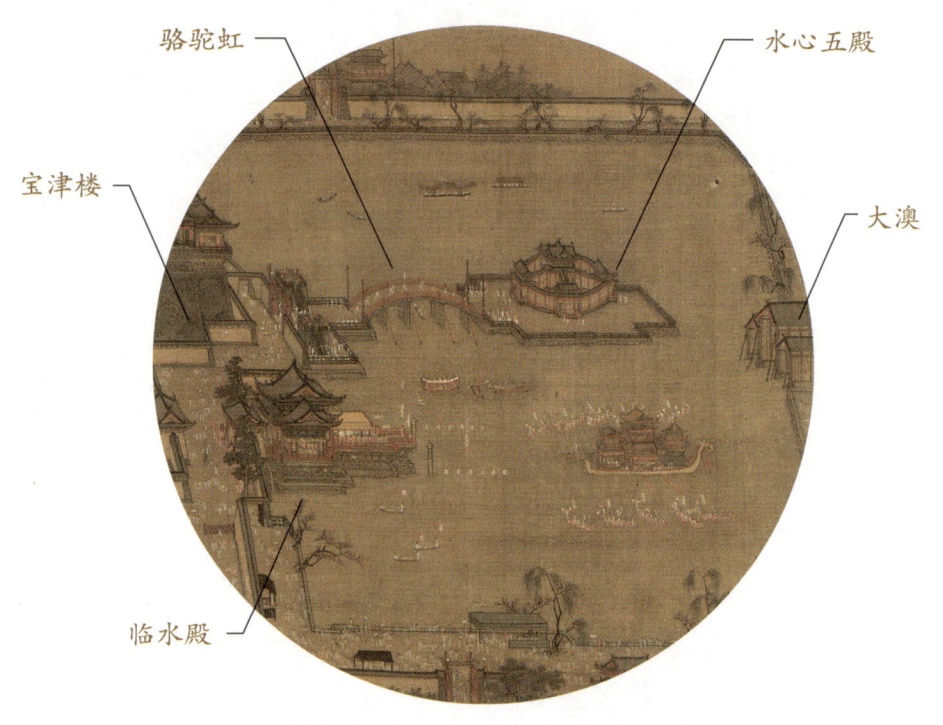

宝津楼　大澳

临水殿

张择端 《金明池争标图》（局部）

三月一日到四月八日，金明池"开池"。无论是谁，都可以到这里来，和皇帝一起共赏春色。可想而知，这段时间金明池可谓是"日日爆满"，汴京百姓热情高涨，游客们蜂拥而至。

让汴京百姓惊叹万分的还是金明池的水戏，这是金明池最精彩的活动，主角当然是龙舟。先是一群小船簇拥着大船从大澳出发，中间是小龙船、虎头船、大龙船轮番表演，还有两队"交头"和三次"争标"，待到船队再次回到船坞，围观群众早已不知道惊叹多少次了。除此之外，各种表演还有很多，如水傀儡、水秋千、杂技、马戏等等，表演用的临时彩棚在两岸连绵不绝，其熙攘热闹的气氛可见一斑。张择端，也就是画了《清明上河图》的那位画家，专门画了一幅《金明池争标图》来描绘当时的场景，那热闹非凡的场面让人心驰神往。

不过，普通百姓并不能到像临水殿这等高级席位一睹为快，只能在堤岸上围观。当然，也有两处尚可为他们提供娱乐。第一处是比宴殿和射殿更南边的横街，汴京的老百姓可以在那里打球。另一处就是金明池的西岸，杨柳依依，青草绵绵，是个钓鱼玩水的好去处。一些头脑灵活的小贩还特意聚在园门处兜售酒食，或者帮着刚回来的游客处理他们的鱼虾。此外，三月的金明池热闹非凡，有不少话本会把爱情故事中男女主角的初会地点设定在这里。金明池可谓是宋代百姓游玩赏景的胜地。

可惜好景不长,靖康之难后,北宋汴京沦陷,金明池也随之没落。后来有个文人朱翌还写诗怀念道:

却忆金明三月天,春风引出大龙船。
二十余年成一梦,梦中犹忆水秋千。

荡水秋千就是让表演者按着鼓声,拼命摇荡立在画船上的秋千,直到越来越高,与横杆平行的时候,飞身一跃,落入水中。最后,金明池也只成为了北宋遗民记忆中的一点浪花。

曾亦嘉

艮岳——宋代山水美学的极致

艮岳，这听起来像是一座山的名字，它其实不是什么自然形成的山岭，而是人工打造的奇观，是宋代乃至中国园林的一座高峰，也是天才艺术家宋徽宗的得意之作。

好端端一座园林为什么要叫"艮岳"这么艰涩的名字呢？其实，它最开始就是一座堆在宋朝都城东北角的假山，"岳"字的含义有了；而艮岳之"艮"，是八卦之一，不但能对应东北方向，又能象征山体。因此，这个名字是最恰当精简不过了。

元符三年（1100），宋哲宗无子驾崩，他的弟弟宋徽宗赵佶继了位。有了哲宗的前车之鉴，当时尚且无后的赵佶难免忧心忡忡，生怕自己没有儿子，最后也不得不让别人来继承皇位。有个名为刘混康的传奇道士告诉他一个秘诀，那就是抬高城东北角的地势，有利生子。宋徽宗病急乱投医，依言垒土，结果当年就生

下了长子赵桓，还在未来的人生里陆陆续续迎来了自己其余的三十几个儿子。这个"福音"一下子就让他更加坚信此处乃风水宝地，也让他有理由来尽情挥洒自己的艺术热情。两相结合之下，一场轰轰烈烈的造山建园工程就此开启。

从政和七年（1117）到宣和四年（1122），宋徽宗倾全国之力，用六载光阴，让原本地处平原、地势低洼的开封城边，兀然出现了一座占地约五万平方米的皇家园林与山泽奇观。越是到后期，这个工程越成为宋徽宗倾洒艺术灵感的白画布。根据宋徽宗在艮岳建成后兴冲冲写的《艮岳记》的说法，他是"按图度地"，换言之，他先画好设计图，当了总工程师，亲自指挥，才打造出了这个心血结晶。

"文艺青年"宋徽宗虽然治国不行，但艺术造诣是真的高。除了在书法史上首创著名的"瘦金体"，他在绘画领域亦有独到之处。他将书画艺术完美地应用到了艮岳的建造上。从这个角度来看，艮岳可谓是古代版的"3D打印"，变山水画为真园林。不过，就算不强调宋徽宗这个原创作者的天赋，也不会影响艮岳的潜力。宋人皆尚风雅，对修整自家园林无不颇有心得，力求不落俗套，保全天然之气。

那么，宋徽宗究竟把自己的心血修成了什么样呢？艮岳又为什么能在园林史上留下浓墨重彩的一笔呢？

在艮岳之前，皇家园林大多规规整整，气势归气势，可实在呆板。宋徽宗的艮岳便完全不同，它并不追求什么威严端肃，反而全然抛弃了中轴线的布局，按山水画中"先立宾主之位，次定远近之形"的原则，以山石水体作为主体，另以建筑植物点缀其间，顺其自然，含蓄雅致，意蕴幽远，让中国古典园林自此步入成熟阶段。

艮岳大致可以分成东西两个部分，呈现左山右水的格局。其中，东部的万岁山是整座园林的核心。宋徽宗首先垒的就是它，虽然这里最初不过是一个小土包，但在后来的造园工程中，它逐渐变得精致。它特地模仿凤凰山的轮廓，先用土堆筑，后又用太湖石堆叠，硬生生造出了一座巨型假山。而南面的寿山和西面的万松岭则作为陪衬，遥呼相应，共同包围了其西的水域。太湖石本就以"皱、漏、瘦、透"著称，此时又摆放堆叠得收合不一，或成峡，或成崖，真可谓巧夺天工。若能极目远眺，见层峦叠嶂，如海浪起伏，别有一番风光。

山既如此，水又怎能逊色？艮岳之水引自西北的景龙江，先入曲池，又折回溪。待流到万岁山时，溪水截然二分，一穿万岁山与万松岭峡谷，一西绕万松岭入风池，最终汇至大方沼，继而东注雁池，向东南而出。河、湖、沼、溪、涧、瀑、潭、池，同现一园，其中又有小岛，更显可爱灵透。

山水有了，那便说下亭台楼阁和花草树木吧。艮岳是宋徽宗设计的心灵殿堂。全以游玩观赏性质的亭、堂、楼、轩为主，还有道观、寺庙、酒家、村居等营造氛围的建筑群。

在艮岳的西南角，宋徽宗还专门建了两个植物园：药寮和西庄。在艮岳的各个地方，都少不了灌木藤萝，其中不少还是宋徽宗特意从南方引种的。除此之外，艮岳中还不乏珍禽异兽，单单用作观赏。

作为园林建筑，艮岳该有的都有了，不过这样的美景也是有代价的。北宋到了宋徽宗手上，本就摇摇欲坠，哪里还经得起这般大动干戈的折腾？宋徽宗自己"为爱献身"不算，还要拉着全国人民一起，搞得民怨沸腾。《水浒传》中，杨志就是因为押送的花石纲被劫而沦落街头卖刀。宋徽宗为了建艮岳，还专门设了相关部门，如杭州的造作局、苏州的应奉局等等，派人搜罗来江南的奇花异石船载运京。而一"纲"就是十条船，可谓财大气粗。为了运送这些奇珍异石，劳民伤财可想而知，受花石纲之累，北宋内部起义不断，又恰逢外敌入侵，金兵南下，徽宗无力阻止，慌忙让位给儿子是为钦宗。

靖康元年（1126）的冬天，异常寒冷，金人围困，大雪封城。一筹莫展的宋钦宗只能开始"贱卖"自己之前的家底，于是饥寒交迫的百姓直奔艮岳，拆了里面的亭台楼阁当柴烧，宰了里面的珍禽异兽取肉吃，而宋徽宗也只能眼睁睁地看着自己的心血华彩全无，仅余狼藉。靖康二年（1127），金兵攻破京师，宋徽宗、宋钦宗被掳北上，身后的汴京和北宋江山同样零落成泥，风光尽失。

张淏曾写《艮岳记》追溯过往：

靖康元年闰十一月,大梁陷,都人相与排墙,避虏于寿山、艮岳之巅。时大雪新霁,邱壑林塘,杰若画本,凡天下之美、古今之胜在焉。祖秀周览累日,咨嗟警愕,信天下之杰观,而天造有所未尽也。明年春,复游华阳宫,而尽废之矣。

艮岳的匾额上写着"华阳宫",因此华阳宫可代指艮岳。冬去春来,宋徽宗的迷梦也化作幻影,空留几个如瑞云峰、玉玲珑等遗石散落各地,还能让我们多少遐思往昔。

曾亦嘉

德寿宫——属于南宋的皇家气派

宫,和这个字联系在一起的词语,最常见的就是宫殿。宫原本只是房屋的意思,秦汉之后升级成为帝王和他家人所居住的房屋,也就是大家心目中富丽堂皇的宫殿,代表着皇室家族的无上权力。这一篇,我们要介绍的就是一座宋朝皇帝享受生活的宫殿——德寿宫。

德寿宫原来是臭名昭著的大奸臣秦桧的府邸,在他死后就收归国有。绍兴三十二年(1162),宋高宗赵构看上了这里,赐名"德寿",于是宋高宗成为了德寿宫的新主人,并且一直在德寿宫生活到去世。

能够成为皇帝居住的地方,自然不同凡响。德寿宫占地广阔,修建时参考了皇城的布局,细节甚至比皇城还要精美,处处细致、华贵,彰显出皇家的尊贵无双。德寿宫中,光是殿院就有十几处,比如德寿殿、后殿、灵芝殿、射厅、寝殿、食殿等,分工很细,每个殿

院都有着不同的基本功能。德寿宫虽然名为"宫",但实际上几乎是一个小型皇城,除了用于居住和日常生活的各类殿堂,还有供人观赏游乐的园林布景。其中,湖有金鱼家池、小西湖,湖上有万寿桥、四面亭,山有万寿山,湖和山分别仿照西湖冷泉、飞来峰,周边还配有芙蓉冈、浣溪亭、泻碧亭等景观,充分满足主人游山玩水的精神需求。而今,德寿宫仅有遗址存留,但从残砖断瓦中我们仿佛能看到昔日的亭台楼阁与小桥流水。

说起赵构入住德寿宫的时间,与他传位于宋孝宗赵昚是同步发生的。绍兴三十二年(1162),宋高宗赵构"禅位",理直气壮地宣布:"我当皇帝累了,现在要退休了,把活儿交给我的养子。"赵昚按照惯例谦虚推托,拒绝了几次后就快乐地成为了新一任的皇帝。但是,作为养子,赵昚还是底气不足,生怕被大臣们批判忘恩负义。他对赵构依旧毕恭毕敬,不仅多次扩建德寿宫,增设德寿宫的官职人员,还经常去德寿宫拜见赵构,处处小心谨慎。

赵昚之所以在成为皇帝之后,还如此频繁地前往德寿宫，是为了给予赵构足够多的尊重与权势，从而安抚失去皇位的赵构，让他不要疑心禅位的决定是否恰当，也用孝顺来堵住悠悠众口。究其根本，主要是因为赵昚并不是赵构的亲生儿子，而是宋太祖赵匡胤的七世孙，他的登基是赵构迫于没有亲生儿子的现实，和金太宗完颜吴乞买疑似赵匡胤转世复仇的舆论压力，这才无奈之下做出的举动。当然，从赵构本人的性格角度来看，他一方面可以甩掉当皇帝的责任，另一方面可以依旧享受当太上皇的快乐，这种心思也是不可忽视的动因之一。

赵构入住德寿宫之后，他为自己的这块养老之地取名德寿宫，寓意鸿德齐天，福寿延绵，德寿宫成为了彰显太上皇尊贵的绝佳工具。赵昚作为将德寿宫与孝心挂钩的第一人，借着德寿宫刷出了"圣孝"的名号。在赵昚登基当天，赵构在禅位仪式举行完毕之后准备回到德寿宫休息。当天恰好下起了大暴雨，但是赵昚抛下了参与登基仪式的诸多王公大臣，坚持在恶劣的天气中亲自护送赵构回德寿宫。为了不让赵构淋雨，赵昚还用自己的身体护住了赵构，全身都湿透了。这使得赵构非常感

赵伯驹《宫苑图》，这是南宋宫苑的艺术写照

动，甚至对身边伺候的宫女太监们感叹："我将江山托付给这样一个人，就再也没有遗憾啦！"

第二天，老天爷依然不给面子，还是下着雨，路上满是泥泞，赵构让赵昚坐辇车来德寿宫，但是一到殿门口，赵昚就停下辇车后小跑到了宫殿内。赵构非常高兴，夸道："每次看到我儿，我真的是喜不自禁啊！"这样的谦卑温顺，赵昚一直保持着，甚至还因为对赵构的孝顺而影响了很多在政治方面的决定,从中也可以看出,赵构尽管退居德寿宫,可是依旧保持着对朝堂的影响力。

　　淳熙十四年(1187),宋高宗赵构去世。淳熙十六年(1189),宋孝宗赵昚也退位了,宋光宗赵惇继位。赵昚入住了德寿宫,并且给它改名重华宫。不过,与前一任主人赵构不同,赵昚来德寿宫的最大目的,不是吃喝玩乐,而是为逝去的赵构守孝。此外,赵构的第二任皇后吴氏(宪圣慈烈皇后)、赵昚的第三任皇后谢氏(成肃皇后)都在这里安度晚年。尽管他们已经退休了,但是仍然享受着皇上发的"退休金"。赵构在德寿宫的时候,赵昚原本定下了一个月十万贯的供奉,不过赵构觉得军事花销太多,国家财政比较困难,于是削减了六万贯。等到赵昚自己居住在改名为重华宫的德寿宫时,退休金改为了一个月三万贯。

　　后来,德寿宫中只居住了孝宗的遗孀谢太后,因而又改名为寿慈宫。1206年,寿慈宫失火,谢太后不得不搬回皇宫,寿慈宫从此人去楼空。到了宋度宗时,德寿宫被改造为道观,不再是皇帝的养老院,从此淡出了历史。

自2001年起，经过多次考古发掘，德寿宫遗址的分布、结构和保存状况日渐清晰，德寿宫的宫墙、水渠、便门、水池等重要宫内建筑遗迹也得以揭示，为我们了解南宋政治、经济等方面提供了宝贵的资料。

德寿宫作为一个"编外"宫殿，侍奉了多任太上皇和太后，承担了皇宫应该肩负的责任。它恢宏大气、富丽堂皇，既给了历任主人一个愉悦快乐的晚年生活，又是当权者体现孝道、维护朝堂安定的利器，饱含皇室斗争的暗潮汹涌，成为宫殿群中不可缺少的一个组成部分。

郁 秦